U0020825

壬性出版

舌尖上的

八大菜系

30年廚師經驗、飲食專欄作家

牛國平、牛翔——編著

兩百餘道中餐名菜的緣起和典故，
名廚帶你懂食材、有談資，會不會點菜，就看這本書。

目錄

PART 1
川菜，麻辣鮮香，揮汗也要吃

PART 2
魯菜，鮮鹹酥嫩，調味純正，北食的代表

PART 3
浙菜，鮮美清甜，餘韻十足

PART 4
湘菜，刀工精妙，無辣不「湘」

PART 5
蘇菜，清香四溢，追求本味

PART 6
粵菜，生猛海鮮，活殺活宰

PART 7
徽菜，野味十足，重油、重色、重火候

PART 8
閩菜，菜餚多湯汁，一湯十味

美食愉悅人心，分享使人快樂

《尋食記》作者、中國文化大學語文中心助理教授／李廼澔

　　美食帶給人歡愉與喜悅。雖然單純享用美食就能夠帶給人們愉悅，但我們還喜歡去討論它、爭論它。而這些，包括了餐前的搜尋研究與餐後的評頭論足。在享受一餐美食前與後的討論，不但提高了我們對美食的興趣，更加強了我們從美食上所得到的歡愉。

　　對於美食的討論，之所以能夠起到這樣的作用，是因為我們不但愛吃，也愛分享我們所吃的食物。然而，由於可以分享的對象有限，因此我們會進一步或說或寫，將我們吃的東西分享給更多人。這時的我們，分享的不再是美食本身，而是享用美食的經驗。藉此，私人的餐飲經驗得到擴張，進入公眾的領域。被公眾所認可的、具有豐富餐飲經驗或高度品味能力的人，對於一道菜品、一間餐廳的好惡與評價，影響了千百食客眾生。他們認可的菜品被搶訂一空，他們心儀的餐廳一位難求。相反的，他們嫌惡的菜品乏人問津，他們鄙夷的餐廳門可羅雀。

　　而食物的書寫與討論，完整了整個烹飪迴路，讓單一的經驗傳播四海，使獨一無二的味道羅縷紀存。真正重要的食物，由此連結了我們的傳統，承先啟後，繼往開來。在中菜裡，它們則濃縮於八大菜系之中。

　　然而，在目前臺灣的飲食出版品中，卻看不到一本全面性介紹中式八大菜系的書。隨著這本書的出版，我們終於有了一本不但介紹各大菜系的流派與特色，又對各大菜系的個別菜品的典故與作法詳細解說的飲食書。

　　在這本《舌尖上的八大菜系》中，從川菜上河幫川菜的「麻婆豆腐」、「回鍋肉」；小河幫川菜的「冷吃兔」；下河幫的「毛血旺」與「酸菜魚」。魯菜膠東流派的「扒魚福」；孔府流派的「詩禮銀杏」；魯西南流派的「九轉大腸」。浙菜中杭州菜的「西湖醋魚」和「東坡肉」；寧波菜中的「雪菜大湯黃魚」、「苔菜拖黃魚」⋯⋯ 八大菜系代表菜，兩百多道經典菜餚，以菜餚故事為本，特色為輔，作法為骨，一頁又一頁的構築出八大菜系的巍峨宮殿，在此推薦給讀者。

PART 1

川菜,麻辣鮮香,
揮汗也要吃

　　川菜,即四川風味菜。四川素有「天府之國」的美名,其環境優美、物產豐富,奠定了川菜迅速發展的基礎。川菜發源於巴蜀地區,初步形成於秦到三國年間,在歲月長河中歷經多次演變後自成體系。川菜不僅為四川人所喜愛,還深受各地民眾青睞。

▌川菜流派　川菜由川西地區、川南地區和川東地區這三大地方的風味流派共同組成。

川西地區是以成都官府菜、眉山菜為代表的上河幫川菜，經典菜有「麻婆豆腐」、「夫妻肺片」、「回鍋肉」等。

川南地區是以自貢鹽幫菜、內江糖幫菜、瀘州河鮮菜、宜賓三江菜為特色的小河幫川菜，經典菜有「冷鍋兔」等。

川東地區是以重慶菜、達州菜為典範的下河幫川菜，經典菜有「毛血旺」、「酸菜魚」等。

▌川菜特色　調味多樣、味型多變，有「一菜一格，百菜百味」之譽。常用味型有二十多種，如麻辣味、魚香味、糊辣味、紅油味、怪味、豆瓣味、家常味、椒麻味等，以善用麻辣調味著稱。

烹調方法多達三十多種，有煎、炒、煸、熗、炸、煮、燙、蒸、燒、燜、燉、醃、臘等。其中，小煎、小炒、乾煸和乾燒最具獨到之處。

麻婆豆腐

🍅 菜餚故事

　　相傳，清朝同治年間，在四川成都北門外，有一家專門經營豆腐的陳興盛小飯館，由老闆陳春富之妻掌勺，她用牛肉末加上辣椒、花椒和豆瓣醬烹製的一款豆腐菜，麻辣鮮香，別有風味，生意十分好。食者見陳婦臉上有麻子（雀斑），便稱其所製的豆腐為「麻婆豆腐」。結果，吃的人越來越多，名聲越來越大，麻婆豆腐這道膾炙人口的佳餚也就名揚四海。

🍅 特色

　　嗆辣香麻的麻婆豆腐永遠是秒殺白飯的第一首選。它是以嫩豆腐（又稱南豆腐）為主料、牛肉末作配料、豆瓣醬和花椒粉作主要調味料，採用燒的方法製成，憑藉色澤紅潤明亮、味道麻辣鹹鮮、質地酥軟燙嫩的特點，廣受中外食客的喜愛。

材料

嫩豆腐 ..... 500 克	薑 .... 5 克	太白粉水 .. 15 毫升
牛肉 ...... 100 克	香蔥 .... 5 克	花椒油 ..... 5 毫升
蒜苗 .... 15 克	醬油 ...... 10 毫升	辣椒油 ..... 5 毫升
郫縣豆瓣醬 .. 15 克	辣椒粉 .... 5 克	沙拉油 .... 50 毫升
豆豉 .... 10 克	鹽 .... 5 克	高湯 ..... 250 毫升
蒜頭 .... 3 瓣	花椒粉 .... 3 克	

作法

1　嫩豆腐切丁（約 1.5 公分）；牛肉先切成粗絲，再切成末；蒜苗挑洗乾淨，切成小段；郫縣豆瓣醬剁碎；豆豉切碎；蒜頭、薑分別切末；香蔥挑洗乾淨，切碎花。

2　湯鍋加入適量清水煮沸，放入豆腐丁川燙約 2 ～ 3 分鐘，撈出並過一下冷水，瀝乾水分。

3　熱鍋，放入沙拉油燒至攝氏（全書皆同）200 度左右，放入牛肉末炒香，加蒜末、薑末、剁碎的郫縣豆瓣醬、辣椒粉和豆豉碎炒出紅油，加入高湯、豆腐丁，加醬油、鹽調好色味，用小火燒約 3 分鐘至入味，分次用太白粉水勾芡，撒入蒜苗段、香蔥花，淋花椒油和辣椒油，翻勻裝盤，撒上花椒粉即完成。

📥 料理小知識

- 豆腐汆燙是為了去除豆味，並排出多餘水分。

- 大蔥體型比較大，食用部位主要在蔥白，多用於煎炒烹炸；小蔥體型較小，且蔥葉較多，蔥白較短，紅燒或煎炒都適合，口感相似臺灣的粉蔥；香蔥的蔥白比小蔥要長一些，香味比較濃烈，口感相似臺灣的三星蔥，適合用來涼拌。

螞蟻上樹

🍅 特色

螞蟻上樹的菜名是源於牛肉末黏附在粉絲上，形似螞蟻在樹上爬而得名。該菜採用紅燒的方法烹製而成，具有色澤紅亮、粉絲彈滑、牛肉酥香、味道香辣的特點。

🍲 料理小知識

材料中所使用的生抽又稱「淡醬油」，較鹹且顏色較淡，適合用於一般炒菜、涼拌或是當蘸醬；老抽則適用於食物的上色，如滷豬腳等。大都是由生抽再加入焦糖色素而成，口味較為甘甜。

材料

綠豆粉絲 .... 150 克	蒜頭 .... 3 瓣	鹽 .... 適量
牛肉 .... 100 克	薑 .... 5 克	高湯 .... 適量
香蔥 .... 30 克	老抽 ...... 5 毫升	紅辣椒油 ... 10 毫升
豆瓣醬 ...... 15 克	生抽 .... 5 毫升	沙拉油 ..... 30 毫升

作法

1 綠豆粉絲用冷水泡軟，再放到滾水鍋裡燙透，撈出過冷水後，瀝乾水分。

2 牛肉先切片後切絲，再切成丁，最後剁成均勻的細末狀；香蔥挑洗乾淨，切成碎花；豆瓣醬剁碎；蒜頭搗成蒜蓉；薑洗淨，切末。

3 熱鍋，倒入沙拉油燒至 180 度左右，放入剁碎的豆瓣醬、薑末和蒜蓉，炒出紅油，再加入牛肉末炒香，倒入高湯，加老抽、生抽、鹽調好色味，放入粉絲，以中火燒入味至汁少時，撒入香蔥花，淋上紅辣椒油，翻勻裝盤便完成。

推紗望月

🍅 特色

　　推紗望月這道菜是重慶已故名廚張國棟根據「閉門推出窗前月，投石衝開水底天」之意境創製而成的。竹笙為窗紗，鳥蛋為明月，以上等雞湯為清澈寧靜的湖面。當成品上桌後，一碗雞湯中，網狀的竹笙蓋在圓圓的鴿子蛋上，就像從窗口透過窗紗觀看明月；筷子一動，撥開竹笙，又彷彿是推開窗紗。湯清味鮮，入口滑嫩，意境美妙，深受食者喜愛。

🍲 料理小知識

　　竹笙的網狀接縫處容易有髒汙，因此食用前必須用手搓洗，洗淨後浸泡於常溫水中約 30 分鐘為佳，浸泡太久口感會太軟爛。

材料

鴿子蛋	10 個	胡椒粉	1 克
泡發竹笙	100 克	香油	3 毫升
小油菜	15 克	雞湯	750 毫升
鹽	5 克	沙拉油	少許

作法

1　將竹笙切去兩頭，取中段洗淨，剖開切片，放入滾水鍋中汆燙透撈出；小油菜洗淨，汆燙備用。

2　取 10 個乾淨的小圓碟，內壁塗勻一層沙拉油。然後在每一個碟子內打入一個鴿子蛋，上蒸籠用微火蒸熟，取出，將鴿子蛋脫離碟子，放在湯碗中。

3　熱鍋，倒入雞湯煮滾，放入竹笙片，加入鹽和胡椒粉調味，稍煮後出鍋，盛入裝有鳥蛋的湯碗中，放入小油菜，點綴香油即可（可再放幾顆枸杞子點綴）。

開水白菜

🍎 菜餚故事

　　原為川菜名廚黃敬臨在清宮御膳房時創製。後來，黃敬臨將此菜製法帶回四川，廣為流傳。關於該菜的故事很多，最著名的是中國總理周恩來宴請日本貴賓時，因那位女賓看到端上來的菜只有一道清水，裡面浮著幾片白菜，認為肯定清淡無味，遲遲不願動筷。在周恩來三番五次的盛邀之下，女賓才勉強用小勺舀了些湯，誰知一嘗便立即目瞪口呆，享用之餘不忘詢問總理：「為何白開水煮白菜竟然可以這般美味？」原來，這「開水白菜」名說開水，實則是巧用高級雞湯烹製而成。因為湯清澈見底，視之如開水，故名之。

🍎 特色

　　當人們初次看到開水白菜這道菜時，大概沒有人會相信它是一道川菜。它是選取上等的白菜心，加上調好味的雞湯，隔水燉製而成的，具有湯清如水、菜心軟嫩、食之爽口的特點。因為湯汁清澈見底，視之如開水，故名之。

材料

大白菜心	500 克	胡椒粉	少許
雞胸肉	50 克	清雞湯（常溫）	750 毫升
鹽	5 克		

作法

1　大白菜心順長邊切成長條，放在滾水鍋中煮至八分熟，撈出過冷水，擠乾水分；雞胸肉剁成泥，放入碗中，加適量清雞湯攪成稀粥狀。

2　熱鍋，倒入清雞湯煮滾後，再倒入調好的雞肉泥，用勺子慢慢攪拌至凝結成團，撈出另用。然後把清雞湯過濾，待用。

3　用細針在白菜心條上反覆穿刺後，放在湯盤裡，倒入清雞湯，加入鹽和胡椒粉調味，用保鮮膜封口，上蒸籠用大火蒸 15 分鐘，取出即可上桌。

料理小知識

　　娃娃菜和大白菜是不同的品種，它不會長到大白菜那麼大，娃娃菜個頭偏小，吃起來比大白菜纖維鮮嫩一些。

口水雞

🍅 特色

　　口水雞，這名字乍聽有點不雅，但吃過的人聽到這三個字，就會想起那種酸辣麻香的味道，嘴裡不禁充滿口水。此菜是以三黃雞為主料，用水煮熟浸涼後，拌上用芝麻醬、花椒粉、紅辣椒油等調好的醬料而成，具有色澤紅亮、皮滑肉嫩、麻辣適口的特點。

🍲 料理小知識

　　三黃雞是中國著名好吃的一種土雞，體型小，因羽毛黃、爪黃、喙黃得名，類似臺灣的玉米放山雞。

材料

三黃雞	1/2 隻	花椒粉	5 克	薑	3 片
芝麻醬	15 克	生抽	5 毫升	蒜末	5 克
醋	15 毫升	花生碎粒	5 克	香油	10 毫升
料理米酒	15 毫升	熟芝麻	5 克	紅辣椒油	30 毫升
豆豉	10 克	大蔥	2 段		
白糖	5 克	薑末	5 克		

作法

1 將三黃雞放入鍋中，加入冷水沒過雞身，放料理米酒、薑片和蔥段，水滾後轉中火煮至八、九成熟，關火用餘溫燜熟。

2 將三黃雞撈出放入裝有冰水的盆裡浸泡 10 分鐘，撈出瀝乾水分，切成條狀，整齊的裝在盤中。

3 將芝麻醬放入小碗內，加醋和香油調勻後，再加生抽、豆豉、白糖、花椒粉、蒜末、薑末、花生碎粒、熟芝麻和紅辣椒油調勻成醬汁，淋在雞肉上即可。

辣子雞

🍅 特色

　　辣子雞是一道風靡大江南北的四川風味名菜。將切成小塊的雞肉經過醃製、油炸後，再加上大量的乾花椒和乾辣椒炒製而成。麻辣中透著鮮香，雞塊外焦裡嫩，麻辣爽口。

材料

春雞 .... 750 克	蒜頭 .... 4 瓣	鹽 .... 適量
乾辣椒 ..... 200 克	大蔥 .... 10 克	紅辣椒油 ..... 適量
乾花椒 ...... 50 克	熟白芝麻 ..... 10 克	沙拉油 .... 適量
薑 .... 15 克	料理米酒 ... 15 毫升	

作法

1　雞剁成 3 公分大小；乾辣椒去蒂、切小節，用清水泡一下，擠去水分；薑切指甲大小的片；蒜頭切片；大蔥切段。

2　雞塊用清水沖洗兩遍，擠乾水分，放入盆中加蔥段、5 克薑片、鹽和料理米酒拌勻，醃約 15 分鐘。

3　熱鍋，倒入沙拉油燒至 200 度左右，放入雞肉炸成淺黃色，瀝去大部分油，繼續邊煎邊炸至熟，加入蒜片和剩餘薑片煸炒，再加入乾花椒和乾辣椒節煸炒，待辣椒炒出香味且變成焦脆褐紅色時，加入鹽和紅辣椒油，炒勻後撒上白芝麻，裝盤即可。

宮保雞丁

🍎 菜餚故事

　　宮保雞丁至今已有一百六十多年的歷史，傳說與四川總督丁寶楨有關。丁寶楨是清朝咸豐年間的進士，據說在四川任總督時，每次遇宴客，他都要家廚用花生米、乾辣椒和雞肉搭配炒製成菜餚，肉嫩香辣，很受客人歡迎。後來由於他戍邊禦敵有功，被朝廷封為「太子少保」，人稱「丁宮保」，其家廚烹製的炒雞丁，也被稱為「宮保雞丁」。還有一種說法是，丁寶楨在四川時，常微服私訪，一次在一個小飯館用餐，吃到以花生米炒的辣子雞丁，叫家廚仿製，家廚便以宮保雞丁名之。

🍎 特色

　　這道菜是以雞胸肉為主料、油炸花生米作配料，採用爆炒的方法烹製而成，是一款典型的糊辣荔枝味川菜。成品油汁紅亮、雞丁鮮嫩、糊辣味濃香、味鹹鮮略帶甜酸，讓人吃了還想吃。

材料

雞胸肉	200 克	蒜頭	2 瓣	鹽	5 克
去皮花生米	100 克	白糖	15 克	太白粉	25 克
嫩莖萵苣	50 克	料理米酒	10 毫升	高湯	75 毫升
乾辣椒	30 克	醬油	10 毫升	紅辣椒油	10 毫升
蔥白	30 克	醋	10 毫升	沙拉油	適量

作法

1　將雞胸肉拍打斷筋，再切成 2 公分見方的小丁；嫩莖萵苣去皮，切成小方丁；乾辣椒去蒂、切段；蔥白切短段；蒜頭切片。

2　雞丁放入碗中，加入 3 克鹽、5 毫升醬油、15 克太白粉和料理米酒抓勻裹漿；用 5 毫升醬油、白糖、醋、2 克鹽、10 克太白粉和高湯在碗內調成芡汁，備用。

3　熱鍋，倒入沙拉油燒至 150 度左右時，放進裹漿的雞丁滑散至八分熟，盛出瀝油；鍋留適量底油複上爐火，放入蔥白節、蒜片和乾辣椒節炸成虎皮色（土黃色），下嫩莖萵苣丁略炒，倒入雞丁和芡汁快速翻炒均勻，加入油炸花生米，淋紅辣椒油，翻勻裝盤即可。

🍲 料理小知識

「糊辣」是爆香乾辣椒與花椒粒後產生的香氣，再加入醋與糖調出清爽酸甜荔枝味。

棒棒雞

🍎 **特色**

　　此菜因為製作時要用木棒拍打雞肉（破壞它的纖維），故稱之為「棒棒雞」。製法是將雞肉煮熟後，用木棒拍打，再用手撕成條，淋上用芝麻醬、紅辣椒油等調成的醬汁而成。雞肉軟嫩、味道香辣、略帶酸甜。

材料

土公雞 ..... 1/2 隻	大蔥 .... 3 段	白糖 .... 10 克
黃瓜絲 .... 50 克	花椒 .... 數粒	芝麻鹽 .... 5 克
花生碎粒 ..... 10 克	料理米酒 ... 15 毫升	雞湯 .... 30 毫升
香菜碎末 ..... 10 克	芝麻醬 .... 15 克	香油 .... 10 毫升
香蔥花 .... 5 克	生抽 .... 10 毫升	紅辣椒油 ... 50 毫升
薑 .... 4 片	醋 .... 15 毫升	

作法

1　鍋內加適量清水，放料理米酒、薑片、蔥段和花椒，大火煮開，放入雞煮至八、九分熟，關火燜熟，取出用冷水或冰水泡 10 分鐘。

2　把雞取出瀝去汁水，用木棒將其肉敲鬆，再用手分離骨肉，取雞肉撕成長條，堆放在墊有黃瓜絲的盤中。

3　芝麻醬放入小碗內，先加入雞湯調稀，再加入生抽、醋、白糖、芝麻鹽、香蔥花、香油和紅辣椒油調勻成醬汁，淋在盤中雞肉上，最後撒上花生碎粒和香菜碎末。

雞豆花

🍎 **特色**

　　雞豆花的名字起源於其形狀似豆花，故名。這道菜是一道高級湯品，先將雞胸肉、蛋清、太白粉水等材料調成粥狀，再採用水汆燙烹製而成。湯清見底、色澤雪白、入口即化、味道鮮香。

材料

雞胸肉 ..... 150 克	枸杞子 .... 5 克	胡椒粉 .... 少許
蛋清 .... 4 個	太白粉水 .. 15 毫升	雞湯 ... 1,500 毫升
豌豆苗 ...... 5 根	鹽 .... 3 克	

作法

1　將雞胸肉表面的一層筋膜剔淨，先切成丁，再剁成極細的蓉；豌豆苗洗淨，瀝水，切碎；枸杞子用溫水泡軟。

2　將雞肉蓉盛入小盆裡，放入蛋清和太白粉水，順一個方向攪拌至有黏性（攪拌到看不到蛋清，只看到雞蓉），續放 75 毫升雞湯攪拌至有黏性，加入鹽調味，然後過篩子，待用。

3　鍋裡倒入雞湯煮沸；倒入調好的雞豆花，待湯煮沸且雞肉蓉凝結成塊，轉小火汆熟，加鹽和胡椒粉調味，出鍋盛入湯碗內，點綴上豌豆苗碎和枸杞子即可。

缽缽雞

🍅 特色

　　這道菜因為過去常將其裝在缽裡叫賣，所以人們習慣的稱之為缽缽雞。它是將雞煮熟晾涼，剔去骨頭，再將肉片成均勻的片，整齊的裝在土缽裡，然後淋上用冷雞湯、紅辣椒油、花椒粉等調好的醬汁而成。以其色澤紅亮、香氣四溢、皮脆肉嫩、麻辣鮮香、甜鹹適中的特點，讓人垂涎欲滴，一生難忘。

材料

公雞	1 隻	花椒粉	5 克	紅辣椒油	75 毫升
羅漢竹筍	150 克	鹽	3 克	熟芝麻	適量
生抽	30 毫升	薑	5 片	香菜碎	適量
美極鮮味露	15 毫升	大蔥	5 段	冷雞湯	300 毫升
料理米酒	15 毫升	花椒	數粒		
白糖	10 克	藤椒油	15 毫升		

作法

1　將公雞汆燙後洗淨汙沫，投入熱水鍋中，加入料理米酒、花椒、蔥段和薑片，大火煮開，撇淨浮沫，轉小火煮到八、九成熟，關火後利用餘溫把雞燜熟，撈出來晾涼。

2　把羅漢竹筍放入水鍋中煮熟，撈出放涼，先切段再切成長片，放在土缽內。接著將煮熟的公雞剔去骨頭，用快刀把雞肉片成薄片，整齊的鋪在筍片上。

3　冷雞湯倒入小盆內，加入生抽、美極鮮味露、鹽、花椒粉、白糖、藤椒油和紅辣椒油調勻成醬汁，倒在缽內的雞肉片上，撒上熟芝麻和香菜碎即可。

怪味雞

🍅 特色

　　怪味雞，又叫秧盆雞，是中國四川和重慶地區常見的冷盤菜。它是將煮熟的三黃雞改刀裝盤，澆上用芝麻醬、花椒粉、辣椒油、白糖、醋等多種調味料混好的醬汁而成，具有雞肉彈滑軟嫩，味道鹹、甜、麻、辣、酸、香、鮮的特點。因其五味俱全，味道特別，故名怪味雞。

材料

三黃雞 ..... 1/2 隻	芝麻醬 ...... 15 克	花椒 .... 數粒
熟芝麻 ...... 10 克	白糖 ...... 15 克	鹽 .... 適量
薑 .... 5 片	醋 .... 15 毫升	雞粉 .... 適量
香蔥花 ...... 5 克	蒜泥 ...... 10 克	冷雞湯 .... 50 毫升
大蔥 .... 3 段	醬油 ..... 10 毫升	香油 .... 5 毫升
料理米酒 .. 15 毫升	花椒粉 ...... 5 克	辣椒油 .... 30 毫升

作法

1　湯鍋加入適量清水，並開火，放入料理米酒、薑片、蔥段和花椒，待煮滾後放入三黃雞，轉小火煮至八分熟，關火用湯的餘溫使其熟。

2　把雞撈到裝有冰水的盆裡浸涼後，剔去大骨，切成長條，整齊的裝在盤裡。

3　將芝麻醬放入小碗內，加入冷雞湯順向攪成稀糊狀，依次加入蒜泥、花椒粉、醬油、鹽和雞粉調勻，再加白糖調勻，最後加醋、香油和辣椒油充分調勻，淋在雞肉條上，撒上香蔥花和熟芝麻即可。

樟茶鴨

🍎 特色

　　樟茶鴨子是以肥鴨為主料，經過醃漬、蒸製、油炸等工序烹製而成。以其色澤紅潤、皮酥肉嫩、味道鮮美、帶有樟木和茶葉的特殊薰香味。

材料

肥鴨 1 隻 ... 約 1,250 克	茉莉花茶 .... 5 克	甜麵醬 .... 1 小碟
白糖 .... 50 克	樟樹葉 .... 15 克	荷葉夾 .... 10 個
料理米酒 ...... 50 毫升	薑片 .... 10 克	沙拉油 .... 750 毫升
鹽 .... 10 克	蔥段 .... 10 克	（約耗 50 毫升）
花椒 .... 5 克	蔥絲 .... 1 小碟	

作法

1　用料理米酒、鹽和花椒依次將鴨身表面和腹腔抹勻，放上薑片和蔥段，醃約 12 小時；茉莉花茶和樟樹葉用清水浸溼，備用。

2　鐵鍋放爐火上，鍋底放入樟樹葉、茉莉花茶和白糖，架上箅子，放入鴨子和蔥段，加蓋燻至表面呈茶黃色後將鴨子翻身，再蓋好蓋，將另一面也燻成茶黃色，取出。

3　鴨子上蒸籠用大火蒸熟，取出瀝汁，放入燒至 200 度左右的油鍋中，炸至表皮酥脆且呈金黃色時，撈出瀝油，用刀切塊後裝盤，隨蔥絲、甜麵醬和荷葉夾上桌。

回鍋肉

🍅 特色

　　回鍋肉是川菜的著名菜餚，號稱「川菜第一菜」。在民間又叫「過門香」。它是將煮至半熟的帶皮豬肉切成大片，搭配蒜苗、郫縣豆瓣醬等佐料炒製而成，具有色澤紅亮、肉片香醇、肥而不膩、鹹辣回甜、醬香濃郁的特點。

材料

帶皮豬五花肉300克	薑末 .... 10 克	大蔥 .... 3 段
蒜苗 .... 75 克	蒜末 .... 10 克	花椒 .... 數粒
青辣椒 ...... 30 克	料理米酒 .. 15 毫升	鹽 .... 適量
紅辣椒 ...... 30 克	白糖 .... 10 克	醬油 .... 適量
郫縣豆瓣醬 .. 30 克	薑 .... 5 片	沙拉油 ...... 適量

作法

1　將帶皮豬五花肉皮上的殘毛、汙物刮洗乾淨，放在加有 10 毫升料理米酒、蔥段、薑片和花椒的水中煮至八分熟，撈出晾涼。

2　把煮好的豬肉切成長 6 公分、寬 4 公分、厚 0.3 公分的薄片；蒜苗挑洗乾淨斜切；青、紅辣椒洗淨去蒂，斜刀切塊；郫縣豆瓣醬剁碎。

3　熱鍋，放沙拉油燒至 150 度左右時，下豬肉片煸炒至吐油並呈蜷縮時，烹 5 毫升料理米酒，續下薑末和蒜末炒香，加入郫縣豆瓣醬炒出紅油，調入醬油、鹽、白糖，加入青、紅椒塊和蒜苗段，炒勻至八分熟，裝盤即可。

鍋巴肉片

🍅 特色

　　鍋巴肉片是四川風味名菜，成菜除有色、香、味之外，還有聲來助興。上菜者一手端著盛有炸好的，金黃色鍋巴的盤子置於桌上，另一手把碗裡煮好的，熱氣騰騰帶有肉片的湯汁迅速澆在剛炸好的鍋巴上，發出「滋」的響聲，趣味十足。

🍲 料理小知識

　　泡紅辣椒又稱醃辣椒，是川、湘、徽三菜系常用的醃製物，剝皮辣椒則較常出現於閩、粵二菜系。

材料

豬瘦肉 ......200 克	料理米酒 ...10 毫升	醬油 .... 適量
鍋巴 ......100 克	蔥花 ....5 克	鹽 .... 適量
泡發香菇 .....30 克	薑末 ....5 克	高湯 .... 適量
泡發筍乾 .....30 克	蒜片 ....5 克	香油 .... 適量
雞蛋 .... 半個	太白粉水 ...35 毫升	沙拉油 .... 適量
泡紅辣椒 .....15 克		

作法

1　將豬瘦肉剔淨筋膜，切成薄片，放入碗中，加料理米酒、鹽、雞蛋和 15 毫升太白粉水拌勻；香菇去蒂，斜刀切片；筍乾切小片，同香菇片放入沸水中汆燙透，撈出瀝乾；泡紅辣椒去蒂，切段；鍋巴用手掰成 3 公分大小。

2　熱鍋，倒入沙拉油燒至 150 度左右時，下豬肉片滑散至變色，倒出瀝乾油分；鍋留底油複上爐火，炸香蔥花、薑末、蒜片和泡紅辣椒節，放入香菇片和筍乾煸炒一會，摻入高湯煮開，倒入豬肉片，加醬油、鹽調味，淋上剩餘太白粉水，攪勻盛入大碗內，淋上適量香油待用。

3　將另一鍋開火，放入沙拉油燒至 200 度左右時，下鍋巴炸至膨脹且呈金黃色，撈出盛在盤內，淋一勺熱油在鍋巴上，連同碗裡的肉片一起上桌，把肉片和湯汁一起倒在鍋巴上，發出響聲即完成。

魚香肉絲

🍎 **特色**

　　魚香味是川菜裡獨有的一種味型，眾所周知的魚香肉絲，就是以豬肉絲為主料，經過裹漿滑油後，加上薑、蔥、蒜、白糖、醋等調成魚香味而製成的菜。色澤紅亮、肉絲滑嫩、鹹甜酸辣兼備、蔥薑蒜味濃郁，非常好下飯。

材料

豬肉 .... 200 克	醋 .... 25 毫升	鹽 .... 3 克
冬筍 .... 50 克	醬油 ...... 10 毫升	太白粉水 .. 30 毫升
泡發木耳 .... 50 克	料理米酒 ..... 適量	高湯 ..... 100 毫升
雞蛋 .... 1/2 個	蒜頭 .... 5 瓣	香油 ...... 5 毫升
泡辣椒 ...... 30 克	大蔥 .... 10 克	沙拉油 ... 200 毫升
白糖 .... 30 克	薑 .... 5 克	（約耗 30 毫升）

作法

1　將豬肉切成 5 公分長、0.3 公分粗的絲；冬筍、木耳分別切絲；泡辣椒去蒂，剁成細蓉；蒜頭、薑分別切末；大蔥切碎花。

2　豬肉絲放入碗中，加鹽、料理米酒、雞蛋和 15 毫升太白粉水拌勻，再加 10 毫升沙拉油拌勻；用白糖、醋、醬油、高湯和剩餘太白粉水在小碗內調成醬汁，備用。

3　熱鍋，倒入沙拉油，燒至 150 度左右時，放入裹漿的豬肉絲滑散至八分熟，倒出瀝油；鍋留適量底油燒熱，放入泡辣椒蓉、薑末和蒜末炒香出色，倒入料理米酒，投入冬筍絲和木耳絲炒勻，倒入過油的豬肉絲和醬汁炒勻，撒蔥花，淋香油，再次翻勻裝盤即可。

鹹燒白

🍅 特色

　　鹹燒白因成菜後翻扣於盤中，許多地方又稱之為扣肉。此菜是將五花肉切成大片，搭配豆芽蒸製而成，具有色澤棕紅、鹹鮮香濃、回味香甜、軟糯不膩的特點。

材料

帶皮豬五花肉 . . 400 克	薑 . . . . 5 克	胡椒粉 . . . . 2 克
豆芽 . . . . 100 克	糖色 . . . . 10 克	花椒 . . . . 1 克
豆豉 . . . . 15 克	料理米酒 . . . . . 5 毫升	高湯 . . . . 100 毫升
大蔥 . . . . 3 段	醬油 . . . . 5 毫升	沙拉油 . . . . . . 500 毫升
泡辣椒 . . . . 10 克	鹽 . . . . 3 克	（實耗 20 毫升）
香蔥花 . . . . 適量		

作法

1　把豬五花肉表皮的殘毛汙物刮洗乾淨，放入水鍋中煮熟，撈出擦乾水分，趁熱在表皮抹勻一層糖色，晾乾後放入燒至 200 度左右的油鍋中，炸至表皮起皺呈棗紅色，撈出放在熱水裡泡軟。

2　把豬五花肉取出，瀝乾水分，切成長 10 公分、寬 4 公分、厚 0.4 公分的片；豆芽洗淨，切成 1 公分長的節；泡辣椒、大蔥切成馬耳形；薑切片；用高湯、料理米酒、醬油、鹽和胡椒粉在一小碗中調成醬汁。

3　將豬肉片的皮朝下擺在蒸碗中，放上豆豉、泡辣椒、花椒、薑片和蔥段，倒入調好的醬汁，放上豆芽節，上蒸籠用大火蒸至軟爛，取出翻扣在盤中，用香蔥花點綴即可。

甜燒白

🍅 特色

    甜燒白是四川九大碗之中的「夾沙肉」，為一道四川的傳統名菜。它是將豆沙餡夾入五花肉片內，同糯米飯入碗蒸製而成的一道甜品。以其造型美觀、紅白分明、油潤光亮、鮮香甜糯、肥而不膩的特點，深受大眾喜愛。

材料

帶皮豬五花肉 .. 400 克	豆沙餡 .... 75 克	糖色 .... 10 克
糯米飯 .... 100 克	紅糖 .... 25 克	沙拉油 ...... 500 毫升
紅棗 .... 8 顆	白糖 .... 10 克	（約耗 20 毫升）

作法

1. 把豬五花肉表皮的殘毛汙物刮洗乾淨，放入水鍋中煮熟，撈出擦乾水分，趁熱在表皮抹勻一層糖色，晾乾後放入燒至 200 度左右的油鍋中，炸至表皮起皺呈棗紅色，撈出放在熱水裡泡軟。

2. 把豬五花肉取出瀝乾水分，切成長 10 公分、寬 5 公分、厚 0.6 公分的長方形夾刀片；糯米飯加紅糖拌勻；紅棗洗淨泡漲，去核對切。

3. 將豬肉片內夾入一層豆沙餡，肉皮朝下擺入蒸碗內壁，碗底放上紅棗，再填入糯米飯至與碗口齊平，上蒸籠用大火猛蒸 90 分鐘至軟爛，取出翻扣在盤中，撒上白糖即可。

蒜泥白肉

🍅 特色

　　蒜泥白肉是十分有名的傳統川菜，歷史悠久，流傳廣泛，在人們心目中有著很高的聲譽。它是將豬肉煮熟晾涼切片，佐以蒜泥紅油醬汁食用的一道涼菜。肉片薄如紙、色澤美觀、白裡透紅、香而不膩、味美適口。

材料

帶皮豬五花肉 .. 400 克	蔥段 .... 10 克	鹽 .... 3 克
黃瓜片 .... 100 克	薑片 .... 10 克	香油 .... 10 毫升
蒜頭 .... 10 瓣	花椒 ....數粒	辣椒油 ...... 50 毫升
料理米酒 ..... 10 毫升	醬油 .... 5 毫升	

作法

1　將五花肉皮上的殘毛汙物刮洗乾淨，放入滾水鍋中汆去血水，撈出洗淨汙沫。

2　將五花肉放入煮滾的清水鍋中，加料理米酒、蔥段、薑片和花椒，以小火煮至八成熟後離火，加蓋燜至湯汁冷後，撈出切成大薄片，整齊的與黃瓜片擺在圓盤中。

3　蒜瓣入缽，放入鹽搗成細蓉，加入涼開水調勻，再加醬油、香油和辣椒油調勻成蒜泥紅油醬汁，淋在盤中肉片上即可。

水煮牛肉

🍅 特色

　　水煮牛肉是數一數二有名的川菜。因為此菜中的牛肉片不是用油炒的，而是在湯中煮熟的，故名水煮牛肉。成菜具有色澤油潤紅亮、湯汁滾燙麻辣、口感滑嫩香鮮的特點。

材料

肥牛肉片 .... 300 克	乾辣椒節 ..... 10 克	醬油 .... 適量
乾淨生菜葉 .. 100 克	花椒 .... 10 克	鹽 .... 適量
蛋清 .... 1 個	薑汁 .... 10 毫升	蔥花 .... 適量
太白粉 ...... 25 克	生抽 .... 10 毫升	高湯 .... 適量
紅油豆瓣醬 ... 25 克	花椒粉 .... 5 克	沙拉油 .... 150 毫升
蒜泥 .... 15 克		

作法

1 　將肥牛肉片放入盆中，先加 75 毫升清水，用手抓，抓到水分被吸收，再加薑汁、生抽和花椒粉拌勻至水分被肉吸收，再加蛋清和乾太白粉拌勻，最後倒入 25 毫升沙拉油封面，入冰箱冷藏 1 小時，備用。

2 　熱鍋，放入 125 毫升沙拉油燒至 150 度左右時，放入乾辣椒節和花椒炸成淺褐色撈出，晾涼後剁成碎末。再把鍋中的油倒出一半，備用；乾淨生菜葉裝入大碗中墊底，備用。

3 　鍋隨餘油複火位，放入紅油豆瓣醬和蒜泥炒香，倒入高湯，加醬油、鹽調好口味，沸騰後稍煮片刻，撈淨料渣，放入肥牛肉片，改小火煮熟，連湯倒在墊有生菜葉的大碗中，撒上乾辣椒末、花椒末和蔥花，再把備用的油燒熱，淋在上面即可（可撒些白芝麻點綴）。

陳皮牛肉

🍅 特色

陳皮牛肉採用中藥陳皮和牛肉搭配，並加以辣椒、花椒等各種佐料，採用炸收的方法烹製而成。以其色澤褐紅、質地酥軟、麻辣回甜、陳皮味芳香的特點，深受食客的讚賞。

材料

牛肉 .... 500 克	白糖 .... 15 克	辣椒油 ...... 15 毫升
陳皮 .... 15 克	料理米酒 ... 10 毫升	醬油 .... 適量
乾辣椒 ...... 15 克	花椒 .... 5 克	高湯 .... 適量
大蔥 .... 10 克	鹽 .... 5 克	沙拉油 ...... 適量
薑 .... 10 克	花椒粉 .... 3 克	熟芝麻 .... 少許
蒜頭 .... 3 瓣	香油 .... 5 毫升	

作法

1. 先把牛肉上的筋膜剔淨，再切成稍大的薄片；陳皮用溫水泡軟，切條；大蔥用刀拍裂，切段；薑、蒜頭分別切片。

2. 牛肉片放入盆中，加 5 毫升料理米酒、5 克大蔥段、5 克薑片和 3 克鹽，拌勻醃 10 分鐘，將牛肉片逐片放入到燒至 180 度左右的油鍋中，炸乾表面水分並呈棕褐色時，撈出瀝乾油分。

3. 鍋內留適量底油燒熱，放入蔥段、薑片、蒜片、乾辣椒、花椒和陳皮炒香，烹料理米酒，加高湯煮沸，調入醬油、白糖和剩餘鹽，放入炸好的牛肉片，用小火把湯汁收得快乾時，加入花椒粉、香油和辣椒油拌勻，出鍋裝盤，撒上熟芝麻即可。

粉蒸牛肉

🍎 特色

　　粉蒸牛肉是一道非常解饞的菜。當熱氣騰騰的粉蒸牛肉端到你面前，油亮的牛肉片、紅彤彤的辣椒面、翠綠的香蔥和香菜就足以吸睛，湊近一聞，麻香、辣香、蒜香等各種香氣誘人饞涎欲滴，趕快用手中的筷子夾起一片牛肉送入口中輕輕一嚼，軟爛香糯、麻辣香濃，實為名不虛傳的經典佳餚。

材料

牛腿肉 ......500 克	蒜頭 ....3 瓣	辣椒粉 ....3 克
蒸肉粉 ......100 克	薑 ....5 克	花椒粉 ....3 克
郫縣豆瓣醬 ...25 克	醬油 ....10 毫升	鹽 ....2 克
豆腐乳汁 ...20 毫升	料理米酒 ...10 毫升	香菜段 ....5 克
酒釀 ......15 毫升	花椒粒 ....5 克	沙拉油 .....50 毫升
香蔥 ....15 克		

作法

1　將牛腿肉橫刀切成厚約 0.5 公分的大片；香蔥挑洗乾淨，切成碎花；花椒粒和一半香蔥花放在一起剁成細末；薑洗淨去皮，切末；蒜頭搗成蓉，加少許清水調稀；郫縣豆瓣醬剁碎，用燒熱的沙拉油炒香，待用。

2　將牛肉片放入盆中，放入剁好的花椒和香蔥、薑末、油炒豆瓣醬、豆腐乳汁、酒釀、醬油、料理米酒、鹽和適量清水拌勻，醃半小時，再加入蒸肉粉拌勻。

3　把拌好的牛肉片放進小蒸籠裡，用大火蒸約 90 分鐘，取出後撒上辣椒粉、花椒粉、蒜蓉汁、香菜段和剩餘香蔥花即可。

毛血旺

🍅 特色

毛血旺是重慶江湖菜的鼻祖之一。以鴨血為主要食材，搭配毛肚、肥腸等多種食材，用調好的麻辣湯汁煮製而成。色澤紅潤、顏色誘人、麻辣鮮香、口感多樣。

材料

鴨血 ....200 克	郫縣豆瓣醬 ...30 克	鹽 ....適量
熟肥腸 ......150 克	火鍋底料 .....75 克	白糖 ....適量
鱔魚肉 ......150 克	乾辣椒 ......100 克	老抽 ....適量
毛肚 ....150 克	花椒 ....15 克	高湯 ....適量
方形火腿 ....100 克	香蔥 ....10 克	太白粉水 ...15 毫升
黃豆芽 ......150 克	薑 ....10 克	香油 ......15 毫升
金針菇 ......150 克	料理米酒 .....適量	沙拉油 ....150 毫升

作法

1　鴨血切骨牌片；熟肥腸斜刀切段；鱔魚肉切長條片；毛肚切成手指寬的長條；方形火腿切長方形片；黃豆芽去根和豆皮；金針菇去根分開，洗淨；香蔥挑洗乾淨，切碎花；薑切末；乾辣椒切短節；郫縣豆瓣醬剁碎。

2　熱鍋，倒入清水燒至微開時，加料理米酒，放入鴨血片煮開，續放肥腸段、鱔魚肉片和方形火腿汆燙透，撈出瀝去水分。

3　原鍋上火燒乾，放入 50 毫升沙拉油燒至 150 度左右時，放入 5 克花椒和 25 克乾辣椒節炸上色，續放郫縣豆瓣醬和火鍋底料炒出紅油，摻入高湯，加薑末煮滾，撈出料渣，放入黃豆芽和金針菇煮熟，撈出放在湯盤裡墊底，再放入鱔魚肉片、鴨血片、方形火腿、肥腸段和毛肚條煮開，加鹽、白糖和老抽調好色味，煮約 3 分鐘後，淋入太白粉水，攪勻後倒在黃豆芽和金針菇上。

4　鍋子重放火上，倒入剩餘沙拉油和香油燒至 150 度左右時，放入 10 克花椒和 75 克乾辣椒節，以小火慢慢炸出香味並呈棕紅色時，起鍋淋在湯盤中的食物上，撒上香蔥花即可（可以撒些白芝麻點綴）。

燈影牛肉

🍅 特色

　　燈影牛肉因其牛肉片薄而寬，可以透過燈影，有民間皮影戲之效果而得名。此菜是將牛肉切成大薄片，用椒鹽醃製後，經過晾乾、油炸、調味等工序製作而成，具有薄如紙張、色澤紅亮、麻辣酥脆、回味無窮的特點。

材料

黃牛肉 ..... 500 克	料理米酒 .. 15 毫升	香油 .... 5 毫升
辣椒粉 ...... 30 克	花椒鹽 .... 5 克	沙拉油 ... 500 毫升
白糖 .... 30 克	五香粉 .... 2 克	蔥花 .... 5 克
花椒粉 ...... 15 克		

作法

1 將黃牛肉去掉筋膜，切成 0.3 公分厚的大薄片，平鋪在盤子上，撒上花椒鹽抹勻，晾約 18 個小時至呈乾硬狀態。

2 熱鍋，倒入沙拉油燒至 200 度左右時，放入牛肉片炸至焦脆，倒出瀝乾油分。

3 把牛肉片倒回鍋裡，烹料理米酒，加入辣椒粉、白糖、花椒粉和五香粉炒勻，出鍋晾涼，淋上香油，裝盤，用蔥花點綴即可。

夫妻肺片

🍅 特色

　　此菜中外馳名，據說是在 1930 年代由成都郭朝華夫婦創製的，因此得「夫妻肺片」之名。夫妻肺片注重選料、製作精細、調味考究、軟爛入味、麻辣鮮香、細嫩化渣，深受群眾喜愛。

🍲 料理小知識

　　芹菜去筋時，可從根部折，不折斷再輕輕一撕就可去筋。

材料

滷牛肉 ...... 75 克	香菜段 ...... 10 克	花椒粉 .... 3 克
滷毛肚 ...... 75 克	熟芝麻 ...... 10 克	白糖 .... 少許
滷牛心 ...... 75 克	熟花生碎粒 .. 10 克	辣椒油 .... 15 毫升
滷牛舌 ...... 75 克	鹽 .... 3 克	紅滷（醬油滷）汁 .. 150 毫升
芹菜 .... 50 克		

作法

1　將滷牛肉、滷毛肚、滷牛心、滷牛舌分別切成大薄片；芹菜去筋洗淨，斜刀切段，放入滾水鍋中汆燙至八分熟，撈出放涼，瀝去水分。

2　用紅滷汁、鹽、花椒粉、白糖和辣椒油在小碗內調勻成醬汁，備用。

3　把芹菜段鋪在盤中墊底，上面整齊覆蓋上滷牛肉片、滷毛肚片、滷牛舌片和滷牛心片，淋上調好的醬汁，撒上香菜段、熟芝麻和熟花生碎粒即可。

乾煸牛肉絲

🍅 特色

乾煸牛肉絲是用牛肉絲為主料、芹菜作配料、辣椒和花椒作為主要調味料，運用川菜中頗有特色的一種烹調方法 —— 乾煸法烹製而成。色澤棕紅、麻辣乾香，是下飯佐酒的上好佳餚。

材料

牛里脊肉 ... 250 克	辣椒粉 ...... 15 克	鹽 .... 3 克
芹菜 ...... 100 克	料理米酒 .. 10 毫升	沙拉油 ... 100 毫升
薑 .... 15 克	醬油 ...... 5 毫升	香油 .... 適量
乾辣椒 ...... 25 克	花椒粉 ...... 3 克	

作法

1 將牛里脊肉切成 8 公分長、筷子粗的絲，放入碗中加料理米酒、鹽、醬油和 15 毫升沙拉油拌勻；芹菜洗淨去筋，同薑分別切成比牛肉絲稍短的絲；乾辣椒去蒂，用剪刀剪成粗絲。

2 熱鍋炙熱，倒入 30 毫升沙拉油燒至 200 度左右時，放入牛肉絲煸炒至變白出水，倒出瀝乾水分。

3 原鍋洗淨重新放爐火燒熱，倒入剩餘沙拉油燒至 200 度左右時，倒入牛肉絲煸乾水分，加薑絲和鹽煸炒一會，續加乾辣椒絲、2 克花椒粉和 10 克辣椒粉炒勻，放入芹菜絲，轉大火煸乾，再加 1 克花椒粉、5 克辣椒粉和香油，炒勻出鍋裝盤即可。

冷鍋兔

🍅 特色

　　這道菜是以豆瓣醬等調味料醃製的兔肉為主料，搭配豬血塊、豆腐塊、蓮藕片等多種食材煮製而成的，具有兔肉燙嫩、麻辣味濃、口感豐富的特點。因滾燙的兔肉裝在鐵鍋裡，鍋底下不點火直接上桌，故叫冷鍋兔。

材料

兔肉 ...... 600 克	馬鈴薯切片 .. 25 克	薑末 .... 10 克
熟豬血 ..... 100 克	花椰菜 ...... 25 克	蔥花 ....適量
豆腐 ...... 100 克	嫩莖萵苣切塊 25 克	鹽 ....適量
嫩薑塊 ..... 25 克	小黃瓜切塊 .. 25 克	雞粉 ....適量
蓮藕片 ..... 25 克	豆瓣醬 ...... 50 克	香辣油 ......適量
青、紅椒圈 .. 25 克	料理米酒 .. 15 毫升	
洋蔥片 ...... 25 克	青花椒 ...... 10 克	

作法

1　把兔肉切成均勻的小塊，放入盆中，加入剁碎的豆瓣醬、料理米酒、薑末、鹽和雞粉拌勻醃製；熟豬血、豆腐分別切片，汆燙備用。

2　鍋子放爐上開火，加入適量的清水，倒入醃好的兔肉塊，待煮沸煮到八分熟時，加入豬血塊、豆腐塊和嫩薑塊，煮滾後再加入蓮藕片、小黃瓜、洋蔥片、馬鈴薯片、花椰菜、嫩莖萵苣塊和青、紅椒圈。待煮至鍋裡的材料皆熟時，放入鹽和雞粉調味，攪勻後盛入盤中。

3　原鍋洗淨放爐火上開火，倒入香辣油燒熱，放入青花椒熗香，起鍋澆淋在盤子中間的食物上，最後撒上蔥花即可。

熗鍋魚

🍎 特色

　　熗鍋魚為川菜裡一款傳統的美味魚餚，它是先把魚用郫縣豆瓣醬燒成家常味，再加入用乾辣椒和花椒切碎的刀口辣椒熗製而成。色澤紅潤油亮、魚肉入口嫩滑、味道麻辣鮮香。

🍲 料理小知識

　　刀口辣椒是川菜中極為重要的調味料之一，製作方式為將乾辣椒和花椒在熱油鍋中將料炒至深褐色，再拿出來放涼，然後再用刀子切碎，即可裝入罐中保存備用。

材料

鮮鯉魚	1 條	料理米酒	10 毫升	香蔥花	適量
郫縣豆瓣醬	30 克	薑片	5 克	醬油	適量
泡辣椒末	20 克	蔥節	5 克	鹽	適量
刀口辣椒	25 克	薑末	適量	沙拉油	適量
白糖	15 克	蒜末	適量	高湯	適量

作法

1　將鮮鯉魚清洗乾淨，在魚身兩側劃上交叉十字花刀，用料理米酒、鹽、薑片和蔥節醃10 分鐘，然後放入燒至 200 度左右的油鍋中，炸至表面金黃且酥脆時，撈出來瀝油。

2　鍋裡留適量底油燒熱，投入薑末和蒜末炒香後，放入剁碎的郫縣豆瓣醬和泡辣椒末炒香，再放入 10 克刀口辣椒略炒，加入高湯並放入炸過的鯉魚，煮滾後加入醬油、鹽和白糖，用小火燒至熟透入味，把鯉魚出鍋裝在盤中。

3　再用太白粉水收汁，出鍋淋在魚身上，再撒上剩餘的 15 克刀口辣椒，淋上 50 毫升熱油爆香，最後撒上香蔥花。

清蒸江團

🍅 特色

　　清蒸江團是四川的一道傳統名菜，由來已久。此菜以江團為主料，經醃製後清蒸而成。外形美觀大方、肉質肥美細嫩、味道清鮮醇美。

🍲 料理小知識

　　江團是長江四大名魚之一，是四川的特產魚類，又叫長吻鮠，外觀有點像鯰魚。考量臺灣取得不易，建議讀者可改用其他魚，比如桂花魚、石斑魚、鱸魚……。

材料

江團 .... 1 條	蔥絲 .... 5 克	鹽 .... 5 克
蒸魚豉油 .. 50 毫升	薑絲 .... 5 克	胡椒粉 ...... 1 克
薑 .... 5 片	紅辣椒絲 ..... 5 克	香油 .... 5 毫升
大蔥 .... 3 段	料理米酒 .. 10 毫升	融化的豬油 15 毫升

作法

1　將江團洗乾淨，放入滾水鍋中燙約 1 分鐘，撈出放在冷水盆中，用小刀刮去表面的白色黏液，擦乾水分。

2　在江團兩側肉厚處斜劃幾刀，抹勻料理米酒、鹽和胡椒粉醃製入味，放在墊有大蔥段的盤中，上面放薑片，淋上融化的豬油，入蒸籠用大火蒸約 15 分鐘。

3　待時間到後取出來，撒上蔥絲、薑絲和紅辣椒絲，淋上香油和蒸魚豉油就完成。

酸菜魚

🍅 特色

　　酸菜魚是四川人的一道家常湯品，在 1990 年代初紅遍了大江南北。該菜是用酸菜和魚燉製而成的，具有魚肉滑嫩、酸辣香醇、湯鮮開胃的特點。

材料

鮮草魚 1 條 ... 約 1 公斤	小蔥 .... 20 克	大蔥 .... 3 段
酸菜 .... 250 克	泡野山椒 .... 15 克	鹽 .... 5 克
蛋清 .... 2 個	泡辣椒 ...... 15 克	胡椒粉 .... 2 克
太白粉 .... 15 克	料理米酒 .. 15 毫升	融化的豬油 .. 30 毫升
乾辣椒 .... 25 克	薑 .... 5 片	沙拉油 ...... 75 毫升

作法

1　將鮮草魚洗乾淨，剔下兩側魚肉，用斜刀切成 0.3 公分的厚片，魚頭和魚骨斬成塊；酸菜用溫水反覆洗淨，擠乾水分，剁碎；乾辣椒去蒂，切段；小蔥挑洗乾淨，切碎花；泡野山椒切碎粒；泡辣椒去蒂，切段。

2　草魚片放入盆子，用清水漂洗一遍，瀝乾水分，加入 3 克鹽、胡椒粉、蛋清、乾太白粉和 15 毫升沙拉油抓勻裹漿。熱鍋，放入融化的豬油燒至 200 度左右，投入酸菜碎炒乾水氣，盛出備用。

3　原鍋重新放到爐上開火，放入 25 毫升沙拉油燒熱，放入薑片、大蔥段、泡野山椒粒和泡辣椒節炒香，投入魚骨塊和魚頭塊煸炒發白，烹料理米酒，摻適量開水，加入酸菜碎，調入鹽後煮約 10 分鐘，把酸菜、魚頭和魚骨撈在湯盤內，再把魚片放入湯鍋中煮熟，起鍋連湯倒在魚骨和酸菜上，並放上乾辣椒節，淋上燒至極熱的沙拉油，最後撒上小蔥花即可。

豆瓣魚

🍅 **特色**

　　豆瓣魚是用鮮魚配以郫縣豆瓣醬等調味料燒製而成。汁色紅亮、魚肉細嫩、豆瓣味濃郁芳香、鹹鮮香辣略帶甜味。

材料

鮮草魚 1 條 .. 約 750 克	香蔥 .... 10 克	鹽 .... 適量
郫縣豆瓣醬 ...... 30 克	料理米酒 .... 15 克	太白粉水 ..... 適量
泡辣椒醬 .... 15 克	白糖 .... 15 克	高湯 .... 適量
蒜頭 .... 6 瓣	醬油 .... 適量	香油 .... 適量
薑 .... 15 克	醋 .... 適量	沙拉油 ...... 適量

作法

1　將鮮草魚清洗乾淨，擦乾水分，在兩側劃十字花刀，抹勻鹽和料理米酒醃 10 分鐘；郫縣豆瓣醬剁碎；蒜頭、薑分別切末；香蔥切碎花。

2　熱鍋加熱，倒入沙拉油燒至 200 度左右時，放入草魚炸至魚皮緊實定型，再撈出瀝乾油分。

3　鍋內留適量底油燒熱，放入郫縣豆瓣醬和泡辣椒醬炒至油呈紅色，續下蒜末和薑末炒出香味，烹料理米酒，摻入高湯煮沸，放入草魚，調入白糖、醬油、醋、鹽，以中火燒熟入味，把魚鏟出裝盤。轉大火收汁，淋太白粉水和香油，拌勻後出鍋澆在魚身上，撒上香蔥花即可。

水煮魚

🍅 **特色**

　　去川菜館時，無論大小，幾乎都會有水煮魚這道菜。它是把魚肉切片，沾滿粉漿後放入調好的湯汁中煮熟，盛在湯盤中，撒上乾辣椒和麻椒，再淋上燒至極熱的油而成的菜餚。魚肉燙嫩、麻辣鮮香、吊人胃口的特點，深受廣大食客的喜愛。

材料

草魚 1 條 .. 約 1,250 克	蒜頭 .... 8 瓣	胡椒粉 .... 2 克
黃豆芽 .... 150 克	薑片 .... 10 克	蔥花 .... 5 克
蛋清 .... 2 個	麻椒 .... 10 克	沙拉油 ..... 60 毫升
太白粉 .... 15 克	料理米酒 .. 15 毫升	水煮魚油 .. 100 毫升
乾辣椒節 .... 30 克	鹽 .... 8 克	

作法

1　將草魚清洗乾淨，用刀沿魚骨平著片下魚肉，用斜刀切成厚約 0.3 公分的大片，放入盆中並加入蛋清、3 克鹽、太白粉和 5 毫升料理米酒抓勻裹漿，魚骨和魚頭斬成塊；黃豆芽挑洗乾淨，用沸水燙 3 分鐘，撈出瀝水，放在湯盤內墊底，待用；蒜頭、薑片拍裂。

2　熱鍋，倒入沙拉油燒至 180 度左右，放入蒜頭和薑片炸出香味，摻入適量清水煮沸，調入鹽、胡椒粉和料理米酒，先放入魚骨塊和魚頭塊煮熟，撈出來裝入墊有黃豆芽的湯盤裡，再把沾滿粉漿的魚肉片放入滾水鍋裡汆熟，撈入湯盤裡。

3　取乾淨的鍋放到爐子上開火，倒入水煮魚油（或用沙拉油）燒至 150 度左右，放入麻椒稍炸，續下乾辣椒節炸出香味，用漏勺撈出撒在魚片上。把鍋中的油升高油溫，澆在湯盤中的魚肉片上，最後撒上蔥花即可（可以撒些白芝麻點綴）。

乾燒鯉魚

🍎 **特色**

　　乾燒鯉魚是採用四川特有的一種乾燒法烹製而成。吃起來魚肉鮮嫩、鹹鮮微辣、略帶回甜。

材料

鮮鯉魚 1 條 .. 約 750 克	泡辣椒蓉 .... 20 克	薑末 .... 5 克
肥肉丁 .... 75 克	料理米酒 .. 15 毫升	醬油 .... 適量
筍丁 .... 30 克	醋 .... 10 毫升	鹽 .... 適量
白糖 .... 75 克	蔥花 .... 5 克	大骨湯 ...... 適量
郫縣豆瓣醬 ...... 40 克	蒜末 .... 5 克	沙拉油 ...... 適量

作法

1　將清洗乾淨的鯉魚頭朝左、尾朝右平放在砧板上，左手壓住魚頭，右手持刀，從距魚鰓蓋 0.5 公分處直刀劃下至魚骨，然後每隔 0.3 公分切一刀，直至尾部。另一面魚體也按此法切好，用適量鹽和料理米酒抹勻全身，醃約 10 分鐘，備用。

2　熱鍋，倒入沙拉油燒至 200 度左右時，再放入鯉魚炸至表皮起皺呈黃色，倒出瀝乾油分。

3　鍋留 50 毫升底油燒熱，放入肥肉丁煸炒出油，續下筍丁略炒，加入蔥花、蒜末和薑末炒香，放入泡辣椒蓉和豆瓣醬炒香出色，烹入料理米酒和醋，摻入大骨湯煮沸，加入白糖、醬油和鹽，放入鯉魚，轉小火煮約 6 分鐘，翻轉魚身續燒至汁濃魚熟入味時，出鍋裝盤即可。

火焰魚頭

🍅 **特色**

　　這道充滿誘惑的火焰魚頭是一道特別流行，且點單率極高的川菜。其名字聽起來就很過癮，味道更是讓人垂涎三尺。因魚頭被厚厚的辣椒碎覆蓋，色澤紅亮，似火焰一般，故名。成品香氣撲鼻，撥開紅豔豔的辣椒，夾上一塊魚頭肉送入口中，肉質滑嫩肥美，鮮辣酸香在脣齒間迴盪，讓人胃口大開，超級過癮！

材料

花鰱魚頭 1 個 .. 約 1,250 克	蠔油 .... 25 克	雞粉 .... 適量
泡辣椒 .... 100 克	酒釀 ...... 20 毫升	大骨湯 .... 適量
醃蘿蔔 .... 25 克	大蔥 .... 10 克	山胡椒油 .... 適量
泡薑 .... 20 克	薑 .... 10 克	沙拉油 .... 適量
泡大蒜 .... 20 克	鹽 .... 適量	蔥花 .... 少許
泡野山椒 .... 15 克	料理米酒 ..... 適量	

作法

1　將花鰱魚頭洗淨，在兩側肉面拉上刀口，然後從下巴切開成相連的兩半；醃蘿蔔、泡薑切小丁；泡辣椒、泡大蒜、泡野山椒分別剁碎；大蔥切段，拍鬆；薑切厚片，拍裂。

2　把魚頭放入盆內，放入蔥段、薑片、料理米酒和鹽拌勻醃製 10 分鐘，除去蔥段和薑片後，用清水洗淨魚頭，擦乾水分，加入蠔油、酒釀、鹽和雞粉拌勻，醃製備用。

3　鍋裡放沙拉油燒熱，放入泡辣椒碎炒出紅油，再放入醃蘿蔔丁、泡薑丁、泡野山椒碎和泡大蒜碎一起炒香，加大骨湯、鹽和雞粉炒勻，盛出備用。

4　把醃好的魚頭放在深盤中，再鋪上炒好的泡椒料，放入蒸籠內用大火蒸 15 分鐘至熟，取出淋上山胡椒油，點綴蔥花即可。

涼拌鯽魚

🍅 特色

涼拌鯽魚是在川內非常流行的一道菜餚，即以鯽魚為主料，經醃製並上蒸籠蒸熟後，取出來淋上用小米辣椒、薑末等料調成的鮮辣醬汁而成。風味獨特，又開胃不油膩。

材料

鮮鯽魚 2 條 .. 約 500 克	蒜頭 .... 6 瓣	八角 .... 2 顆
肥豬肉 .... 15 克	醋 .... 10 毫升	鹽 .... 適量
小米辣椒 ...... 40 克	料理米酒 .. 10 毫升	雞粉 .... 適量
薑 .... 60 克	生抽 ...... 5 毫升	香油 .... 適量
香蔥 .... 30 克	辣鮮露 ...... 3 克	

作法

1　將鮮鯽魚清洗乾淨，在魚身兩側斜切上十字花刀；肥豬肉切大片；小米辣椒洗淨去蒂，切粒；薑洗淨去皮，取 10 克切片，剩餘切成末；香蔥取 5 克切段，其餘切碎花；蒜頭拍裂，切末。

2　鯽魚放入盆中，加薑片、蔥段、料理米酒、八角和少許鹽醃 10 分鐘。接著擺放在平盤裡，上面蓋上肥豬肉片，入蒸籠用大火蒸 10 分鐘至剛熟時取出，把鯽魚移放在另一個盤子裡。

3　與此同時，取薑末、小米辣椒粒、蒜末、醋、生抽、辣鮮露、鹽、雞粉、香油和 50 毫升冷開水調勻成鮮辣醬汁，淋在鯽魚上，再撒上香蔥花即可。

麻辣肥腸魚

🍅 特色

在四川餐飲市場上，近幾年比較流行的一道用肥腸同魚搭配、採用煮的方法烹製而成麻辣肥腸魚，以其色澤紅亮、肥腸軟爛、魚肉滑嫩、大麻大辣、淋漓刺激的特點征服無數食客，吃了還想吃，回味無窮。

材料

花鰱魚 1 條 ... 約 1,250 克	花椒 .... 5 克	地瓜粉 .... 適量
滷肥腸 ....200 克	料理米酒 .. 10 毫升	沙拉油 .... 適量
嫩莖萵苣 ....200 克	薑片 ....適量	香菜碎 .... 10 克
麻辣火鍋底料 ......100 克	蒜頭 ....適量	麻辣香油 .. 150 毫升
乾辣椒節 ....25 克	鹽 ....適量	

作法

1　把花鰱魚清洗乾淨，取下兩扇帶皮魚肉，把魚頭、魚尾及魚骨剁成塊，將魚肉斜刀片成稍厚的大片，一起放入盆中，加鹽、料理米酒和地瓜粉拌勻醃製；滷肥腸切成節，汆燙；嫩莖萵苣去皮，切成牛舌形長條片，用冷水泡至捲曲，放入湯盤內墊底，備用。

2　取一乾淨的鍋子放適量的沙拉油燒熱，放入薑片和蒜頭炒香，放入麻辣火鍋底料炒到融化，摻入適量開水煮沸，加鹽調味，先放入魚頭塊和魚骨塊煮熟，撈出放在嫩莖萵苣片上。接著放入魚肉片和肥腸節稍煮，連湯帶料倒在湯盤內。

3　鍋子洗淨重新開火，倒入麻辣香油燒熱，放入乾辣椒節和花椒熗香，隨後倒在湯盤裡，撒上香菜碎即可（可以撒些白芝麻點綴）。

白汁魚肚

🍅 特色

　　白汁魚肚是具有四川風味的一道名菜，以泡發好的魚肚為主料，採用白燒的方法烹製而成。味道鹹鮮、口感極佳，非常適合當宴客菜。

🍲 料理小知識

　　白燒是指經過汆燙、油炸，或者蒸製後的材料，用淡白色的湯和調味料在鍋中經中小火加熱成熟的方法。

材料

泡發魚肚 ... 300 克	料理米酒 ... 5 毫升	香油 .... 5 毫升
青花菜 ...... 75 克	鹽 .... 3 克	溶化的豬油 .. 15 毫升
熟火腿 ...... 15 克	胡椒粉 .... 1 克	沙拉油 ...... 15 毫升
薑 .... 3 片	太白粉水 .. 15 毫升	高湯 .... 250 毫升
蔥 .... 3 段		

作法

1　將泡發好的魚肚用斜刀切成厚片；青花菜切小朵，用清水洗淨；熟火腿切成細末。

2　鍋裡加高湯煮沸，放入魚肚片汆燙透，撈出過冷水，擠乾水分。再放入青花菜朵汆燙熟，取出瀝乾，趁熱加鹽和香油調味，將花柄朝內，在圓盤周邊擺一圈，備用。

3　鍋子洗乾淨並開火，放入融化的豬油和沙拉油燒熱，投入薑片和蔥段炸香，倒入高湯煮沸一會，撈出渣料，放入魚肚片並加入料理米酒、鹽和胡椒粉。待燒入味，用太白粉水勾芡，淋香油，翻勻出鍋，裝在青花菜中間，撒上火腿末即可。

泡椒墨魚仔

🍅 特色

　　泡椒墨魚仔是一道傳統名菜，以墨魚仔為主要食材、嫩莖萵苣作配料，用四川泡辣椒、郫縣豆瓣醬等調味料調成的湯汁煮製而成，具有紅白分明、賞心悅目、口感脆嫩、味道酸辣、泡椒味濃的特點。

材料

墨魚仔 ...... 400 克	檸檬汁 ..... 10 毫升	醬油 .... 適量
嫩莖萵苣 .... 150 克	薑 .... 3 片	高湯 .... 適量
泡紅燈籠椒 .. 100 克	大蔥 .... 2 段	太白粉水 .... 適量
郫縣豆瓣醬 ... 45 克	白糖 .... 適量	沙拉油 .... 適量
蒜蓉 .... 15 克	鹽 .... 適量	香油 .... 適量
料理米酒 ... 15 毫升	胡椒粉 .... 適量	

作法

1　將墨魚仔頭部的黑點用牙籤紮破，擠出黑色墨魚汁，再把裡面的硬心取出來，然後用清水洗淨；嫩莖萵苣去皮，切滾刀塊，用少許鹽拌勻醃一會；郫縣豆瓣醬剁碎。

2　熱鍋，倒入高湯煮沸，加入檸檬汁、薑片和蔥段，放入墨魚仔略汆燙，加入嫩莖萵苣塊汆燙透，撈出瀝去水分。

3　熱鍋炙熱，倒入沙拉油燒熱，放入郫縣豆瓣醬和蒜蓉，以小火炒出紅油，烹料理米酒，摻適量高湯，加白糖、鹽、胡椒粉和醬油調好色味，待煮沸煮出味道，撈出料渣，倒入墨魚仔、嫩莖萵苣塊和泡紅燈籠椒稍煮，淋上太白粉水和香油，攪勻後盛入湯盤內即可。

盆盆蝦

🍅 特色

　　這道四川風味濃厚的菜餚是將鮮蝦油炸後，配上蔬菜，用調好的麻辣湯汁煮至入味而成。因蝦成熟後裝入大盆中，故稱盆盆蝦。

材料

明蝦 ...... 300 克	新鮮小米辣椒 .. 10 克	白糖 .... 適量
花椰菜 ..... 250 克	花椒 .... 5 克	醬油 .... 適量
油炸花生米 .. 15 克	薑 .... 5 片	胡椒粉 ...... 適量
火鍋底料 .... 50 克	蒜頭 .... 5 瓣	香油 ...... 15 毫升
豆豉 .... 30 克	大蔥 .... 5 段	沙拉油 ... 250 毫升
乾朝天椒 .... 15 克	鹽 .... 適量	（約耗 75 毫升）

作法

1　明蝦去鬚腳，剪開背部，挑去泥腸，洗淨後擦乾水分；花椰菜分成小朵，洗淨汆燙；油炸花生米鍘碎；乾朝天椒洗淨去蒂；小米辣椒洗淨去蒂，切圈。

2　熱鍋炙熱，倒入沙拉油燒至 200 度左右時，放入明蝦炸至表皮焦脆，再倒出瀝乾油分。

3　原鍋複上爐火，倒入香油和適量沙拉油燒熱，放入薑片、蒜頭和蔥段炸出香味，續下花椒、乾朝天椒和小米辣椒圈炒出香辣味，加入火鍋底料和豆豉炒至融化，放入花椰菜、鹽、白糖、醬油和胡椒粉炒勻，倒入適量開水，放入炸好的明蝦，開鍋煮約 3 分鐘，出鍋盛入湯盤內，撒上花生米即可。

臊子海參

🍅 特色

在名揚四海的川菜宴席中，有一款以海產佳品刺參為主料，佐以上等高湯和酥香細嫩的肉末製成的菜餚，這就是被業內外人士公認的四川海味第一菜的臊子海參。成菜具有色澤紅亮、海參彈滑、鹹辣香醇、家常味濃的特點。

材料

泡發海參 ... 300 克	蔥花 .... 5 克	太白粉水 .. 15 毫升
豬肉 .... 75 克	薑末 .... 5 克	高湯 ..... 250 毫升
郫縣豆瓣醬 .. 15 克	蒜末 .... 5 克	香油 ...... 5 毫升
泡辣椒 ...... 10 克	薑 .... 3 片	沙拉油 .... 45 毫升
醬油 ..... 10 毫升	大蔥 .... 3 段	
料理米酒 .. 10 毫升	鹽 .... 5 克	

作法

1 將海參腹內的腸雜洗淨，斜刀切成大片，放在加有 5 毫升料理米酒、蔥段和薑片的高湯中略煮，撈出瀝乾水分；豬肉先切成粗絲，再橫切成末；郫縣豆瓣醬剁碎；泡辣椒去蒂，剁成蓉。

2 熱鍋炙熱，倒入 15 毫升沙拉油燒至 180 度左右時，放入豬肉末略炒，加入 2 克鹽炒香，盛出備用。

3 炒鍋複上爐火，倒入剩餘沙拉油燒熱，放入郫縣豆瓣醬、泡辣椒蓉、薑末和蒜末炒出紅油和香味，加高湯煮沸後略煮，撈出料渣，加 5 毫升料理米酒、3 克鹽和醬油調好色味，放入海參片和炒好的豬肉末，用小火燒製入味，轉大火收汁，勾太白粉水，淋香油，撒蔥花，撥勻裝盤即可。

冷鍋串串

🍅 特色

    冷鍋串串發源於有著天府之國、美食之都之稱的四川，是一道具有新時代風味的美食。它是先將初步加工好的食材穿成串，再放在調好味的麻辣湯汁裡浸泡入味而成的。用料廣泛、色澤美觀、口感多樣、麻辣味濃、食用方便。既可作街頭小吃，又可登大雅之堂。

材料

馬鈴薯	200 克	泡發木耳	150 克	雞粉	3 克
蓮藕	200 克	薑	5 片	花椒粉	1 克
嫩莖萵苣	200 克	大蔥	3 段	藤椒油	10 毫升
大蝦	150 克	料理米酒	10 毫升	香辣紅油	60 毫升
泡發毛肚	150 克	鹽	7 克	冷雞湯	200 毫升
雞胗	150 克	白糖	5 克		

作法

1. 將雞胗洗淨後，放入加有薑片、蔥段和料理米酒的滾水鍋裡煮熟，撈出冷卻，用刀切成薄片；大蝦洗淨，放入滾水鍋中煮熟，撈出瀝水晾涼；泡發毛肚洗淨並切成小塊，放入滾水鍋中汆至八分熟，撈出放入涼開水裡冷却。

2. 把馬鈴薯、蓮藕洗淨去皮，分別切成薄片，用清水漂洗去表面太白粉，放入滾水鍋裡汆燙至八分熟，然後撈入冷水盆裡冷却；嫩莖萵苣去皮，切菱形片，用 1 克鹽醃製；泡發木耳撕成小朵並洗淨，再放入滾水鍋裡汆透，撈入涼開水裡冷却。將上述加工好的食材分別用竹籤穿成串，待用。

3. 把冷雞湯倒入小盆內，加入鹽、白糖、花椒粉、雞粉、藤椒油和香辣紅油，攪勻成麻辣湯汁。先把葷料串串放入湯汁裡浸泡 10 分鐘，再放入素料串串浸泡 5 分鐘至入味，即可取出食用。

生爆鹽煎肉

🍅 特色

　　生爆鹽煎肉與回鍋肉共稱為姐妹菜。選用肥瘦兼有的去皮五花肉加工而成。成品肉片鮮嫩、顏色深紅、乾香酥嫩、味道鮮美，具有濃厚的地方風味。

材料

去皮五花肉 .. 250 克	豆豉 .... 20 克	白糖 .... 5 克
蒜苗 .... 150 克	大蔥 .... 10 克	鹽 ....少許
郫縣豆瓣醬 ... 30 克	醬油 .... 5 毫升	沙拉油 .... 35 毫升

作法

1　將五花肉切成約長 5 公分，寬 3 公分，厚 0.3 公分的薄片；蒜苗去除黃葉及根部，洗淨後瀝乾水分，斜刀切段；郫縣豆瓣醬剁碎；豆豉切碎；大蔥切碎花。

2　熱鍋，放入 15 毫升沙拉油燒至 200 度左右時，放入五花肉片，煸炒至出油且四周微黃時盛出。

3　原鍋重放爐火上，放剩餘沙拉油燒至 180 度左右，投入蔥花爆香，放入豆瓣醬和豆豉炒香出色，再放醬油和白糖炒勻，倒入炒好的五花肉片和蒜苗段炒至八分熟，加入鹽，再次炒勻，出鍋裝盤即可。

PART 2

魯菜，鮮鹹酥嫩，調味純正，北食的代表

魯菜，即山東風味菜。起源於齊魯風味，是中國最早自成體系的菜系，發端於春秋戰國時的齊國和魯國，形成於秦漢，南北朝時已初見規模。宋代後，魯菜就成為「北食」的代表；明清時已形成穩定流派。

▌魯菜流派　　魯菜分為以青島、福山為代表的膠東流派，以德州、泰安為代表的濟南流派，以堪稱「陽春白雪」的典雅華貴的孔府流派，和以臨沂、濟寧、棗莊、菏澤為代表的魯西南流派，經過長期發展演變而成。

▌魯菜特色　　口味以鹹鮮為主，善用蔥、薑、蒜增香提味；烹法以爆、扒、拔絲見長，尤以爆為世人所稱道；講究對雞湯（清湯）、奶湯的調製，雞湯清澈見底，奶湯乳白細滑。

四喜丸子

🍅 菜餚故事

相傳，唐玄宗時期，皇帝親自召見中了頭榜的張九齡，並把心愛的女兒許配給他。舉行婚禮那天，與張九齡分別多年的父母也來到京城，闔家團聚，喜上加喜。張九齡更是喜上眉梢，於是命廚師做些吉利的菜餚表示慶賀。聰明的廚師靈機一動，便用肉餡做了四個大丸子，炸熟澆汁上桌。

張九齡詢問菜的含意，聰明的廚師答道：「此菜為『四喜丸子』。一喜，老爺頭榜題名；二喜，成家完婚；三喜，做了乘龍快婿；四喜，闔家團圓。」張九齡聽了哈哈大笑，連連稱讚。從此，四喜丸子就成為中國婚宴大菜流傳了下來。

🍅 特色

四喜丸子在中國常作為喜宴中的壓軸菜，取其吉祥團圓之意。該菜是以調味的豬肉餡做成四個大丸子，經油炸後燒製而成，具有形態圓潤飽滿、味道鹹鮮香醇、丸子酥嫩入口即化的特點。

材料

豬五花肉 ... 200 克	薑片 .... 5 克	鹽 .... 適量
油菜心 .... 8 棵	薑末 .... 5 克	太白粉水 ..... 適量
雞蛋 .... 1 個	八角 .... 2 顆	高湯 .... 適量
太白粉 ...... 15 克	花椒 .... 5 克	香油 .... 適量
蔥段 .... 5 克	醬油 .... 適量	沙拉油 .... 適量

作法

1　先將豬五花肉切成 0.3 公分粗的絲，再切成小粒，放入盆中，加雞蛋、薑末、醬油、鹽和太白粉拌勻成餡，做成 4 個大小相等的丸子，投入到燒至 180 度左右的油鍋中，炸至表面呈金黃色，撈出瀝去油分。

2　鍋留適量底油燒熱，放入八角和花椒稍炸，續放蔥段和薑片炸黃，加入高湯煮沸，加醬油、鹽調好色味，放入丸子，用小火燒透入味。把丸子取出裝在盤中。下油菜心煮開，撈出擺盤。

3　倒入太白粉水到鍋裡，將湯汁勾芡，淋入香油，攪勻後出鍋，淋在丸子上即可。

金鉤掛銀條

🍅 特色

金鉤掛銀條是山東孔府名菜，它是以綠豆芽為主料、蝦米作配料，經爆炒而成。清脆鹹香、爽口解膩。

材料

綠豆芽 ..... 300 克	料理米酒 .. 15 毫升	鹽 .... 5 克
蝦米 .... 25 克	青、紅椒絲 ...少許	香油 .... 5 毫升
香蔥 .... 10 克	醋 .... 5 毫升	沙拉油 .... 30 毫升
薑 .... 5 克	花椒 ....數粒	

作法

1　將綠豆芽用手掐去頭和尾，留中段洗淨，瀝乾水分；蝦米用料理米酒泡軟；香蔥挑洗乾淨，切碎花；薑洗淨，切末。

2　熱鍋，倒入沙拉油燒至 180 度左右，放花椒炸香撈出，加蝦米炒乾水氣，再下蔥花和薑末炸香，倒入豆芽和青、紅椒絲，邊翻炒邊順鍋淋入醋，待炒至八分熟，加鹽和香油炒勻入味，出鍋裝盤即可。

詩禮銀杏

🍅 特色

銀杏營養價值極其豐富，富含多種維生素。詩禮銀杏這道菜即是以銀杏為主要原料，用冰糖、蜂蜜和桂花醬蜜製而成的，具有色如琥珀、晶瑩飽滿、甜味鮮美、桂花香味濃郁的特點，非常受女性和孩子的喜歡。

材料

袋裝銀杏 ... 300 克	桂花醬 ...... 30 克	冰糖 .... 25 克
黃瓜 .... 1/2 根	白糖 .... 30 克	沙拉油 .... 10 毫升
蜂蜜 .... 50 克		

作法

1 將銀杏從袋子中取出，用食用鹼水泡 5 分鐘，換清水漂淨鹼味，放入滾水鍋中氽燙透，撈出瀝乾水分；黃瓜洗淨，縱向剖開，斜刀切片，在一圓盤邊圍一圈，備用。

2 熱鍋，倒入沙拉油，放入白糖炒成棗紅色，加適量清水攪勻，放入銀杏、冰糖、蜂蜜和桂花醬，先用大火煮沸，再用小火加熱至黏稠，出鍋裝在黃瓜片中間即可。

德州扒雞

🍅 菜餚故事

據說，康熙 31 年（西元 1692 年），在德州城的西門外大街開了一家燒雞鋪，因店主賈建才製作燒雞的手藝好，生意很興隆。有一天，賈掌櫃太累了，雞放進去煮後就在鍋灶前睡著了。一覺醒來，發現燒雞煮過了火，但仍試著把雞撈出來拿到店面去賣。沒想到雞香誘人，骨酥肉嫩，吸引了很多過路行人紛紛購買、嘖嘖稱讚。

事後，賈掌櫃潛心研究，改進技藝，使自己做的燒雞更有名了。其中有一顧客食後吟道：「熱中一抖骨肉分，異香撲鼻竟襲人，惹得老夫伸五指，入口齒馨長留津。」詩成吟罷，脫口而出：「好一個五香脫骨扒雞呀！」由此，德州扒雞名傳四方。

🍅 特色

德州扒雞從造型上看，雞的兩腿盤起，爪入雞膛，雙翅經脖頸由嘴中交叉而出，全雞呈臥體，遠遠望去似鴨浮水，口銜羽翎，十分美觀，是上等的藝術珍味。以形色美觀、五香脫骨、肉嫩味醇、味透骨髓的特點而受到中外食客的稱讚。

材料

肥雞 .... 1 隻	薑塊 .... 20 克	沙拉油 .... 適量
飴糖 .... 20 克	醬油 .... 適量	生菜葉 .... 適量
十三香 ..... 1 小包	鹽 .... 適量	

作法

1 將肥雞的雙翅交叉，自脖下刀口插入，使翅尖由嘴內側伸出，別在雞背上。再把腿骨用刀背輕輕砸斷並交叉，將兩爪塞入雞腹內，晾乾水分。

2 將飴糖放入碗中，加 15 毫升溫水調勻，均勻的抹在雞身上，晾至半乾，放到燒至 200 度左右的沙拉油鍋中炸成棗紅色，撈出瀝油分。

3 湯鍋內加適量清水煮沸，放入炸好的肥雞、十三香、薑塊、鹽和醬油。先用大火煮沸，撈去浮沫，再用微火燜煮 2 小時至雞酥爛，即可出鍋裝在墊有生菜葉的盤中食用（可以點綴些青、紅椒絲和蔥白絲）。

🍲 料理小知識

　　十三香，是用 13 種（或以上）香料調配而成的香料粉。常見成分有花椒、八角、小茴香、丁香、肉桂、豆蔻、陳皮、薑，以及中草藥的木香、砂仁、良薑、白芷、山奈和紫蔻等。還有使用香葉、山楂、甘草、孜然、草果等成分的。

芫爆里脊

🍅 特色

「芫爆」是山東菜系裡獨有的一種烹調方法。以豬里脊肉為主料、香菜梗為配料，用此法烹製的芫爆里脊便是一款具有山東傳統風味的經典菜式，成品白綠相間、滑嫩清爽、味道鹹鮮並略帶胡椒粉的香辣味。因此菜注重色澤搭配、講究刀工、要精妙運用火候，所以在中國廚師晉級時是必考的一道菜。

材料

豬里脊肉 ... 200 克	薑絲 .... 10 克	白胡椒粉 ..... 2 克
香菜梗 ..... 100 克	蒜片 .... 10 克	高湯 ..... 30 毫升
蛋清 .... 1 個	料理米酒 .. 15 毫升	香油 ...... 5 毫升
太白粉水 .. 10 毫升	鹽 .... 3 克	沙拉油 ... 120 毫升
蔥絲 .... 15 克	醋 .... 5 毫升	

作法

1 將豬里脊肉上的一層筋膜去淨，切成長 7 公分、寬 0.3 公分的細絲，放在清水中浸泡，洗淨血沫，擠去水分；香菜梗洗淨，切成 4 公分長段。

2 將里脊絲放在碗裡，加入料理米酒、1.5 克鹽、蛋清和太白粉水拌勻裹漿，再加入 10 毫升沙拉油拌勻；用高湯、醋、1.5 克鹽、白胡椒粉和香油調成清汁。

3 炒鍋放上爐火炙熱，倒入沙拉油燒至 150 度左右時，放入里脊絲滑散至熟，倒出瀝油；鍋留適量底油燒熱，倒入里脊絲、香菜段、蔥絲、薑絲、蒜片和清汁，快速顛翻均勻，出鍋裝盤即可（可以點綴少許胡蘿蔔絲）。

三美豆腐

🍎 特色

　　三美豆腐是山東泰安的一道風味名菜，它是由白菜、豆腐和水烹製而成的，以其湯汁乳白、豆腐軟滑、白菜軟爛、味道鮮香的特點流傳至今，馳名中外。

🍲 料理小知識

　　奶湯一般選用雞、鴨、豬骨、豬蹄、豬肘、豬肚等容易讓湯色泛白的原料，滾水先燙過，放冷水旺火煮開，去除浮沫，放入蔥、薑、酒，文火慢滾至湯稠呈乳白色。

材料

豆腐 .... 250 克	薑末 .... 3 克	熟雞油 ..... 5 毫升
白菜心 ..... 200 克	蒜末 .... 3 克	沙拉油 .... 15 毫升
料理米酒 .. 10 毫升	鹽 .... 5 克	
蔥花 .... 5 克	奶湯 ..... 500 毫升	

作法

1　將豆腐放入蒸籠內蒸 10 分鐘，取出瀝乾水分，切成厚約 0.5 公分的大三角片；白菜心用手撕成不規則的塊。將兩者放入滾水鍋中汆燙透，撈出瀝乾水分。

2　熱鍋，倒入沙拉油燒熱，放入薑末、香蔥花和蒜末炸黃出香，加入奶湯，放入白菜心和豆腐片，加入鹽和料理米酒調味，煮沸後去除浮沫，待將食材煮透入味，淋上熟雞油，出鍋盛入湯盤內即可（可以撒少許胡蘿蔔丁點綴）。

扒魚福

🍎 菜餚故事

　　扒魚福是在汆魚丸子的基礎上發展而來的。據說，福山有個財主非常喜歡吃汆魚丸子，幾乎每頓必吃的地步。這天，廚師的手被割破，不能用手擠丸子，於是他就用湯匙一個個挖著放入鍋裡，結果汆出的丸子兩頭尖、中間粗，酷似銀元寶。財主問廚師這叫什麼菜，廚師見此情景，靈機一動，脫口而出汆魚福這個名字，財主非常高興，大大獎賞了廚師。此菜後來被發展成用「扒」的烹調方法來做，這就是扒魚福的由來。

🍎 特色

　　扒魚福是將調好味的魚蓉做成兩頭尖的丸子，經汆、燒而成，具有成形美觀、口感軟嫩、鮮香味美的特點。

材料

草魚 1 條 ....約 750 克	太白粉 .... 15 克	鹽 .... 5 克
豬肥肉 .... 75 克	料理米酒 ... 15 毫升	太白粉水 ... 10 毫升
青花菜 .... 100 克	薑泥 .... 5 克	香油 .... 3 毫升
蛋清 .... 2 個		

作法

1 將草魚清洗乾淨，剁下魚頭和魚尾，把魚中段剔下魚肉，切成小丁，同切成丁的豬肥肉合在一起剁成細蓉；青花菜掰成小朵，汆燙投涼，備用。

2 將肉蓉放在小盆內，加入 2 克鹽、蛋清、薑泥和太白粉，順向攪拌至有黏性；將魚頭從下巴切開至腦部，使根部相連，再用刀拍扁，用 1 克鹽和料理米酒抹勻，醃 10 分鐘。

3 鍋內添加適量清水，開火煮至微開時，左手抓肉蓉從虎口擠出，右手取羹匙刮下，使其呈兩頭尖的元寶形，放入水鍋中汆熟，撈出待用；將魚頭和魚尾各擺在條盤的兩端，上蒸籠用大火蒸 12 分鐘，保溫待用。

4 鍋內放入適量汆肉蓉的湯，加入剩餘的鹽調味，放入青花菜燒至入味，再放入丸子略燒，勾太白粉水，淋香油，出鍋盛在魚的頭尾間，即可上桌。

拔絲蘋果

🍅 特色

　　拔絲蘋果為山東地區著名的甜菜，它選用山東煙臺的青香蕉蘋果為原料，經過裹麵糊油炸後，裹上炒好的糖漿拔絲而成。此菜色澤金黃、外脆裡嫩、香甜可口。一上桌，你拉我拽，金絲滿盤，其樂融融，是宴席上頗受歡迎的一道甜餚。

材料

蘋果 .... 2 個	熟白芝麻 ..... 5 克	沙拉油 ... 250 毫升
麵粉 .... 50 克	白糖 .... 120 克	（約耗 40 毫升）
太白粉 ...... 30 克		

作法

1 　將蘋果洗淨，削去外皮，剖開去核，切成滾刀小塊，用清水泡；取 30 克麵粉和太白粉放在小盆內，加適量清水調勻成稀稠適度的麵糊。

2 　熱鍋，倒入沙拉油燒至 180 度左右時，先將蘋果塊拍上一層麵粉，再裹上麵糊，放入油鍋中浸炸至表皮金黃且外焦內透時，倒在漏勺內瀝油。

3 　原鍋放上爐子開火，放入白糖和 30 毫升清水，用手勺不停的推炒至白色泡沫消失後，糖液變稀，中間又泛起些許小魚眼泡時，倒入炸好的蘋果塊，邊顛翻邊撒入白芝麻，待糖漿和白芝麻全部裹在食材上時出鍋，裝在抹有一薄層油的盤中，隨一碗冷開水上桌，蘸食。

鍋塌豆腐

🍅 **特色**

　　這道菜所使用的豆腐為板豆腐（又稱北豆腐），經過改刀、拍粉、拖蛋液，先煎硬後煨軟（這兩種烹飪技法混合使用即稱塌）。吃起來軟塌化柔口口沁香、味郁馥濃。

材料

板豆腐 ..... 400 克	鹽 .... 適量	香油 .... 適量
雞蛋 .... 2 個	胡椒粉 .... 適量	沙拉油 .... 適量
蔥白 .... 5 克	太白粉 .... 適量	高湯 ..... 200 毫升
薑 .... 5 克	太白粉水 ..... 適量	料理米酒 ..... 適量
醬油 .... 適量		

作法

1　將板豆腐切成 0.5 公分厚的骨牌片，放在盤中，撒上鹽、料理米酒和胡椒粉拌勻醃味；雞蛋打入碗內，用筷子充分攪勻；蔥白、薑分別切末。

2　熱鍋炙熱，舀入沙拉油燒至 180 度左右，將每片豆腐先沾勻一層太白粉，再裹勻雞蛋液，放入鍋中，煎至兩面成金黃色，鏟出待用。

3　鍋留適量底油複上爐子開火，下蔥末和薑末炸香，加入高湯、醬油、鹽和胡椒粉調好色味，放入煎好的豆腐，以中火煮至醬汁少時，淋入太白粉水和香油，翻勻後整齊的裝入盤中即可（可以撒些蔥花和胡蘿蔔丁點綴）。

博山豆腐箱

🍅 特色

博山豆腐箱是以挖空的豆腐塊為箱，裝入豬肉餡料，經蒸製而成。其形如儲金箱、軟嫩鮮香、味道醇美，曾登上中國人民大會堂國宴之列，深受中外賓客的關注和喜愛。

材料

豆腐 ...... 300 克	泡發蝦米 .... 10 克	鹽 .... 3 克
豬肉末 ..... 150 克	蔥末 .... 5 克	高湯 .... 適量
泡發木耳 .... 30 克	薑末 .... 5 克	沙拉油 ...... 適量
竹筍 .... 30 克	蒜片 .... 5 克	太白粉水 ..... 適量
番茄 .... 25 克	醬油 .... 5 毫升	

作法

1 豆腐上蒸籠蒸 15 分鐘，取出浸涼，切成長 7 公分、寬 3.5 公分、高 4 公分的長方塊，放到燒至 180 度左右的油鍋中炸成金黃色，撈出來瀝乾油分，用小刀切開一面，挖出裡面的豆腐，使其成「箱」狀；竹筍、泡發蝦米和 20 克泡發木耳分別切末；番茄切小丁。

2 熱鍋，倒入沙拉油燒至 180 度左右，放入蔥末和薑末爆香，倒入豬肉末炒散變色，加入醬油調色，再加入木耳末、竹筍末、鹽和蝦米翻炒半分鐘，盛出後填在挖空的豆腐內壓實，逐一做完，裝盤上蒸籠蒸 10 分鐘，取出。

3 與此同時，鍋隨適量底油上爐子開火，下蒜片爆香，加高湯、番茄丁和剩餘木耳，煮沸後調入鹽和醬油，勾太白粉水攪勻，起鍋淋在豆腐箱上即可。

山東蒸丸

🍎 特色

　　山東蒸丸是以豬肉餡為主料,加上蝦米、木耳、鹿角菜、白菜、雞蛋等配料,調味後製成丸子蒸熟,再配上調味的酸辣湯製成的半湯半菜。肉丸細嫩、湯味鮮美、營養豐富,是一道老少皆宜的美食。

材料

豬五花肉 ... 200 克	香菜 .... 15 克	鹽 .... 適量
泡發木耳 .... 25 克	雞蛋 .... 1 個	醋 .... 適量
白菜葉 ...... 25 克	蔥白 .... 10 克	胡椒粉 ...... 適量
鹿角菜 ...... 25 克	薑 .... 5 克	高湯 .... 適量
泡發蝦米 .... 15 克	太白粉水 .. 20 毫升	香油 .... 適量

作法

1　豬五花肉先切成小丁,再剁成泥;木耳挑洗乾淨,切末;白菜葉剁成末;鹿角菜切成粒;蝦米洗淨,切末;香菜洗淨,切末;蔥白切末;薑洗淨,切末。

2　豬肉泥放入小盆內,加入雞蛋、鹽、胡椒粉、部分蔥末、薑末和太白粉水拌勻,再加入鹿角菜粒、白菜末、蝦米末、木耳末和部分香菜末,再次拌勻,擠成核桃大小的丸子,放入盤中,上蒸籠蒸 8 分鐘至熟透,取出放在湯盤內。

3　湯鍋放爐子上開火,加入高湯煮沸,再加鹽、胡椒粉和醋調好酸辣味,倒在盛有丸子的湯盤內,撒上剩餘香菜末和蔥末,淋上香油即可(可撒少許胡蘿蔔丁點綴)。

九轉大腸

🍅 特色

　　九轉大腸原名叫紅燒大腸，因製作時像道家「九煉金丹」一樣精工細作，故改名叫九轉大腸。該菜是將熟大腸切段油炸，用糖色炒上色後，再用調好味的湯汁小火煨製而成。造形美觀、酥軟香嫩、鹹鮮酸甜。

🍲 料理小知識

　　砂仁粉是一種較為溫和的草藥。添加到菜餚中具有去膻、除腥、增味、增香等作用。

材料

熟大腸 . . . . . 300 克	白糖 . . . . 50 克	肉桂粉 . . . . 1 克
香菜梗 . . . . . 10 克	米醋 . . . . . 30 毫升	砂仁粉 . . . . . . .少許
薑 . . . . 3 片	醬油 . . . . . 15 毫升	花椒油 . . . . 15 毫升
大蔥 . . . . 3 段	鹽 . . . . 2 克	沙拉油 . . . . . . .適量
料理米酒 . . 25 毫升	胡椒粉 . . . . 2 克	

作法

1　將熟大腸切成 2 公分長段，放入加有蔥段、薑片和 15 毫升料理米酒的滾水中汆燙一下，撈出瀝乾水分，趁熱與少許醬油拌勻；香菜梗切碎。

2　熱鍋，倒入沙拉油燒至 200 度左右時，放入大腸段炸至色澤淺黃，倒出瀝淨油分。

3　鍋中留適量底油，放入 15 克白糖炒成棗紅色，倒入大腸段炒勻上色，烹 10 毫升料理米酒，摻適量開水，加入米醋、鹽、胡椒粉和剩餘白糖，先用大火煮滾，再用慢火煨至湯汁黏稠，加入肉桂粉和砂仁粉，淋上花椒油，翻勻裝盤，撒上香菜梗碎即可。

油爆腰花

🍅 特色

　　油爆腰花這道傳統經典魯菜，是以豬腰子為主料，經過切花刀後，採用油爆的方法烹製而成，具有形美色豔、鹹鮮味香、腰花脆嫩的特點。因此菜最講究火候和刀工，所以是中國廚師晉級考核的必考菜餚。

🍲 料理小知識

　　花椒水的製作方法為將花椒快速洗淨後，在鍋中倒入清水（水量為花椒的 20 倍）煮滾，將花椒瀝掉。

材料

豬腰子 .... 2 個	醬油 .... 適量	高湯 .... 適量
泡發木耳 .... 25 克	鹽 .... 適量	花椒油 ...... 適量
嫩筍尖 ...... 25 克	青、紅椒片 ... 適量	沙拉油 ...... 適量
花椒水 ...... 適量	太白粉水 ..... 適量	白糖 .... 少許

作法

1　將豬腰子的表層薄膜撕去，用平刀片為兩半，剖面朝上，剔淨白色帶血的筋膜。接著用坡刀劃成刀距為 0.3 公分、深為厚度 3/4 的一字刀口，再轉一角度，用直刀劃成與坡刀相交成直角、刀距 0.2 公分、深為厚度 4/5 的一字刀口，最後改刀成長條塊，放在花椒水中泡 10 分鐘；木耳挑洗乾淨，撕成小片；嫩筍尖切片。

2　鍋內放清水煮滾，放入腰花汆燙至捲曲，撈出用清水洗兩遍，瀝乾水分；用高湯、醬油、鹽、白糖、太白粉水調成芡汁，待用。

3　炒鍋開火加熱，放沙拉油燒至 180 度左右時，放入腰花過一下油，倒出瀝油；鍋留適量底油，放入蔥花和蒜片炸香，放入筍片、木耳和青、紅椒片略炒，倒入腰花和芡汁，快速顛翻均勻，淋花椒油，出鍋裝盤即可。

炸脂蓋

🍅 特色

　　炸脂蓋是選用羊五花肉為主料，經過調味蒸熟之後，再裹麵糊油炸而成。吃起來外皮酥脆、羊肉軟爛、味道香醇。

材料

羊五花肉 ... 400 克	鹽 .... 適量	沙拉油 .... 適量
雞蛋 .... 2 個	生菜葉 ...... 適量	蔥條 ...... 1 小碟
料理米酒 .. 15 毫升	醬油 .... 適量	甜麵醬 ..... 1 小碟
蔥段 .... 10 克	胡椒粉 ...... 適量	太白粉 ...... 適量
薑片 .... 10 克	雞湯 .... 適量	

作法

1　羊五花肉洗淨，切塊，放在滾水鍋裡汆燙透撈出，放在大碗裡，加入鹽、料理米酒、胡椒粉、醬油、蔥段、薑片和雞湯，上蒸籠蒸至熟爛，取出瀝去湯汁。

2　雞蛋打入碗內，加入太白粉調勻成雞蛋糊，待用。

3　熱鍋，倒入沙拉油燒至 180 度左右時，將羊肉塊裹勻雞蛋糊放入油鍋，炸透呈金黃色時，撈出瀝油，裝入墊有生菜葉的盤中，隨蔥條和甜麵醬碟上桌即可。

帶子上朝

🍅 特色

　　帶子上朝是孔府宴中的一道
大菜。它是用一隻鴨子和一隻鴿子
經油炸、紅燒而成。一大一小放入
盤中，寓意孔府輩輩做官，代代上
朝。成菜具有造型美觀大方、色澤
紅潤油亮、肉質酥爛香醇、味道鹹
鮮可口的特點。

材料

鴨子	1 隻	桂皮	1 小塊	白糖	適量
鴿子	1 隻	八角	3 顆	太白粉水	適量
薑	5 片	料理米酒	10 毫升	香油	適量
大蔥	3 段	醬油	適量	沙拉油	適量
花椒	20 粒	鹽	適量		

作法

1　將鴨子、鴿子的脊背分別開刀，放入盆中並加入鹽、料理米酒和醬油拌勻醃入味，
　　放入燒至 200 度左右的油鍋中炸成淺紅色，撈出瀝油。

2　花椒、桂皮和八角用紗布包好，同大蔥段和薑片放入鴨子的腹內，和鴿子一起放入
　　砂鍋內，倒入開水，加醬油、鹽、白糖調好色味，置於大火上煮沸，轉小火燉爛入
　　味，取出鴨子和鴿子裝盤。

3　再將湯汁入鍋煮沸，用太白粉水勾芡，淋香油，出鍋淋在食物上即可（可以點綴些
　　火腿腸片〔類似熱狗，但口感較軟〕和香蔥段）。

鍋燒肘子

🍎 特色

　　鍋燒肘子是在古老的鍋燒肉的基礎上演變而來。其製法精細，工序複雜，需經水煮、蒸製、裹麵糊、油炸等過程，兩次改刀，方可裝盤。成菜色澤金黃、外酥裡嫩、乾香無汁、肉鮮味美、肥而不膩。上桌時佐以大蔥、花椒鹽、甜麵醬和荷葉餅，別有一番風味。

材料

帶皮去骨豬前肘 ... 1 個	大蔥 .... 3 段	鹽 .... 適量
雞蛋 .... 1 個	八角 .... 2 顆	沙拉油 .... 適量
麵粉 .... 25 克	花椒 .... 數粒	蔥條 ...... 1 小碟
太白粉 .... 25 克	醬油 .... 適量	甜麵醬 ..... 1 小碟
料理米酒 ..... 10 毫升	醋 .... 適量	荷葉餅 .... 數個
薑 .... 5 片	花椒鹽 .... 適量	

作法

1　將豬前肘皮上的汙物刮洗乾淨，放入滾水鍋裡煮到八分熟時，撈出晾涼，切成大片，皮朝下擺入蒸碗裡，加入醬油、醋、蔥段、薑片、花椒、八角、料理米酒、鹽和開水，上蒸籠蒸約 1 小時至酥爛，取出瀝汁備用。

2　將雞蛋、太白粉和麵粉放入碗內，加入適量水和少許醬油調勻成糊，取一半倒於平盤上，放上豬肘片攤平，再把剩餘的蛋糊抹在上面。

3　熱鍋，倒入沙拉油燒至 180 度左右時，放入裹麵糊的豬肘片炸至表面金黃且酥脆時，撈出瀝乾油分，改刀成條，整齊的裝在盤中，撒上花椒鹽，隨蔥條、甜麵醬和荷葉餅上桌即可。

湯爆雙脆

🍅 特色

　　湯爆雙脆為濟南漢族名菜。以豬肚尖和鴨胗為主要食材，採用湯爆的方法烹製而成。吃起來質感脆嫩、湯汁鮮美。

🍲 料理小知識

　　滷蝦油為將蝦肉磨成糊狀，加鹽浸漬後所濾取的清汁。

材料

豬肚尖 ...... 2 個	薑片 .... 10 克	清雞湯 .... 適量
鴨胗 .... 3 個	食用鹼 ...... 15 克	滷蝦油 ..... 1 小碟
料理米酒 .. 10 毫升	鹽 .... 適量	香菜段 ..... 1 小碟
蔥結 .... 10 克	胡椒粉 .... 適量	

作法

1　將豬肚尖去除肚皮、油汙和筋膜，洗淨，改切成 1 公分寬的條；鴨胗剖開洗淨，去皮，每個切成 4 塊，都劃上花刀。

2　將改刀的豬肚和鴨胗放入用食用鹼和水配成的，濃度為 5% 的鹼溶液中浸泡 10 分鐘，再用清水反覆漂洗，待去盡鹼味後，放入裝有料理米酒、蔥結、薑片的滾水鍋中燙至八、九分熟，撈出瀝去水分，盛入盤中。

3　在燙豬肚、鴨胗的同時，用另一口鍋放入清雞湯，加鹽、胡椒粉調好口味，倒在大碗內，立即隨豬肚、鴨胗和滷蝦油、香菜段上桌。當著顧客的面，把豬肚和鴨胗倒在湯碗內，即可食用。

香酥雞

🍅 **特色**

　　魯菜中有一款鼎鼎大名的炸菜，叫做香酥雞。它是先將雞滷熟後，再裹上酥漿糊油炸而成的，具有色澤金紅、外表酥脆、肉質軟爛、味道濃香的特點。

材料

雞 .... 1 隻	蔥結 .... 10 克	鹽 .... 10 克
太白粉 ...... 25 克	燉雞滷包 ..... 1 包	花椒鹽 ...... 5 克
麵粉 .... 25 克	糖色 .... 15 克	沙拉油 ... 500 毫升
薑片 .... 10 克		

作法

1　將雞切去屁股，氽燙後放在已煮滾的水鍋中，加入薑片、香蔥結和燉雞滷包，調入糖色和 8 克鹽，以小火滷約 2 小時至酥爛，撈出瀝汁。

2　將太白粉和麵粉放入盆中，加入剩餘的鹽和清水，調勻成稀稠適當的糊，再加入 15 毫升沙拉油調勻成酥漿糊，待用。

3　熱鍋，倒入沙拉油燒至 180 度左右時，將滷好的肥雞全身裹勻酥漿糊，放入油鍋中炸至定型，再用漏勺托住肥雞，浸炸至金黃酥脆，撈出瀝乾油分，剁成塊狀，按原形整齊的裝在盤中，撒上花椒鹽即可。

黃燜栗子雞

🍅 特色

　　黃燜栗子雞的雞一般都是以春雞，搭配栗子肉黃燜而成的一道美食。嘗起來雞肉軟嫩、栗子綿糯、味道香濃。

材料

春雞 .... 1 隻	鹽 .... 適量	沙拉油 .... 適量
栗子肉 ..... 150 克	醬油 .... 適量	白糖 .... 少許
雞蛋 .... 2 個	蔥花 .... 適量	花椒 .... 數粒
太白粉 ...... 20 克	薑片 .... 適量	八角 .... 2 枚
料理米酒 ..... 適量	香油 .... 適量	

作法

1 將春雞清洗乾淨，剁去爪尖和雞屁股，然後剁成小塊，用清水洗淨，擠乾水分；栗子肉一切為二。

2 春雞放入盆中，加入料理米酒、鹽和醬油拌勻醃 5 分鐘，再加入雞蛋和太白粉，用手充分抓勻，使其表面均勻的裹上薄薄一層蛋糊，放入燒至 200 度左右的油鍋中炸成金黃色，撈出瀝油。

3 鍋留底油開火，炸香蔥花、薑片、花椒和八角，摻入適量開水，加醬油、鹽和白糖調好色味，放入炸過的雞塊，蓋上鍋蓋，用微火燜約 30 分鐘，再放入栗子肉，加蓋續燜至軟爛，收濃湯汁，淋香油，出鍋裝盤即可（可撒些蔥花和胡蘿蔔丁點綴）。

奶湯雞脯

🍎 特色

　　奶湯雞脯是以雞胸肉、荸薺為主要食材，經打成泥調味、做成丸子油煎後，加奶湯烹製而成。具有湯汁乳白、雞脯（胸）淺黃、鹹鮮香醇的特點。

🍲 料理小知識

　　蔥椒紹酒是濟南菜中特殊的調味料，是將蔥白、花椒剁成泥用紗布包起來，放在紹興酒中浸泡 2 小時，除去布包後的紹興酒。

材料

雞胸肉 ..... 150 克	冬筍片 .... 適量	蒜頭 .... 2 瓣
肥豬肉 ...... 50 克	蛋清 .... 1 個	鹽 .... 適量
荸薺 .... 25 克	太白粉 ..... 15 克	沙拉油 .... 適量
香菇片 .... 適量	蔥椒紹酒 .. 15 毫升	奶湯 ... 1,000 毫升
火腿片 .... 適量	薑 .... 5 克	香菜段 .... 適量

作法

1　將雞胸肉、肥豬肉分別剁成細泥；荸薺拍鬆，剁成細末。將三者放在一起，加入鹽、蛋清和太白粉拌勻成餡。薑、蒜頭分別切片，待用。

2　熱鍋炙熱，放入沙拉油布勻鍋底，把肉餡做成核桃大小的丸子，放入鍋中，煎至表面呈金黃色，鏟出待用。

3　將煎好的丸子放入大碗內，放上薑片、蒜片、香菇片、火腿片和冬筍片，加入鹽、蔥椒紹酒和 150 毫升奶湯，上蒸籠用中火蒸約 20 分鐘，取出翻扣在湯盤裡。再把剩餘的奶湯煮滾，加鹽調味，倒在湯盤裡，淋上香油，撒上香菜段即可（還可以再撒些蔥花和胡蘿蔔丁點綴）。

醬爆雞丁

🍎 特色

　　醬爆雞丁是以雞肉為主料，搭配甜麵醬和稀（溼）黃醬爆炒而成的。雞丁滑嫩爽口、味道鹹甜鮮香、醬汁緊裹原料、醬香味濃郁，非常適合配飯吃。

🍲 料理小知識

　　蔥薑水的製作方法為，將蔥、薑切細，放入果汁機裡，加水打勻成泥，倒出過濾殘渣即可。如果沒有果汁機，可以把蔥、薑磨泥或切成細末，加滾水拌勻放涼。

材料

雞胸肉 ..... 200 克	稀黃醬 ...... 30 克	蔥薑水 .... 75 毫升
蔥白 .... 50 克	白糖 .... 40 克	花椒油 ....適量
雞蛋液 ...... 50 克	料理米酒 .. 15 毫升	沙拉油 ....適量
太白粉 ...... 15 克	太白粉水 .. 10 毫升	醬油 ....適量
甜麵醬 ...... 30 克		

作法

1　將雞胸肉上的筋絡剔淨，在其兩面劃上深而不透的一字花刀，然後切成小指粗的條，再切成 0.8 公分見方的小丁；蔥白切成 2 公分長段。

2　雞丁放入碗中，先加 10 毫升蔥薑水和 5 毫升料理米酒拌勻，再加少許鹽抓勻，最後放入雞蛋液和太白粉拌勻裹漿；將甜麵醬、稀黃醬放在小碗內，加入料理米酒和蔥薑水調勻成醬汁，備用。

3　熱鍋，倒入沙拉油燒至 180 度左右時，分散放入雞丁，滑熟至呈白色時，倒在笊籬內瀝油；鍋留底油複上爐子開火，倒入調好的醬汁，以小火炒出醬香味，加醬油和白糖調好色味，倒入雞肉丁和蔥段翻炒均勻，加入太白粉水，淋上花椒油，晃鍋翻勻，裝盤即可。

神仙鴨子

🍅 特色

神仙鴨子為山東孔府的一道傳統名菜，它是用肥鴨搭配冬菇、冬筍、火腿等食材，經煮、蒸而成，具有色澤素雅、鴨肉酥爛、香而不膩、滋味鮮美的特點。因其蒸製時用保鮮膜封口，蒸熟後揭開保鮮膜時，可見鴨肉白嫩，原汁原味，氣味芬芳，故有神仙鴨子的稱號。

材料

肥鴨 .... 1 隻	火腿 .... 25 克	料理米酒 .. 10 毫升
泡發冬菇 .... 25 克	大蔥 .... 3 段	鹽 .... 適量
冬筍 .... 25 克	花椒 .... 數粒	保鮮膜 ..... 1 大張

作法

1　將肥鴨去嘴留舌，砸斷腿骨和翅膀根，放入滾水鍋中汆 3 分鐘，撈出洗淨汙沫，再放入湯鍋中煮至八分熟，撈出剔去大骨；冬菇去蒂；冬筍、火腿分別切片。把冬菇片和冬筍片用開水汆燙，撈出備用。

2　將鴨胸朝下放入大蒸碗內，再把鴨骨放在上面，加入冬菇片、冬筍片、火腿片、蔥段、花椒、開水、料理米酒、鹽，用保鮮膜封口，上蒸籠用大火蒸約 1.5 小時至酥爛，取出揭去保鮮膜。

3　把肥鴨腹朝上放入湯盤裡，再把冬菇片、冬筍片和火腿片呈一定的圖案擺在鴨腹上，最後把鴨湯過濾，倒入湯盤內即可（可以撒些蔥花點綴）。

乾蒸加吉魚

🍎 特色

　　乾蒸加吉魚是山東名貴的傳統風味菜餚，素雅美觀，魚肉鮮嫩，味道鹹香，久食不膩，常作為高檔筵席之大菜。特別是此菜還有回鍋做湯的習慣，到最後將魚的骨刺收集起來，可以組成一個「羊」的形狀，作為飯後欣賞。

材料

加吉魚 1 條 .. 約 750 克	薑 .... 3 片	料理米酒 .... 適量
泡發香菇 .... 2 朵	蔥花 .... 10 克	胡椒粉 .... 適量
瘦火腿 .... 15 克	鹽 .... 適量	融化的豬油 .. 30 毫升
豬肥肉 .... 10 克		

作法

1　將魚清洗乾淨，在魚身兩側劃上刀距為 3 公分、深度至魚骨的斜刀口；香菇去蒂；瘦火腿、豬肥肉分別切成長方片，待用。

2　鍋子放爐火上，加入清水煮滾，加少許料理米酒，手提魚尾放入水中燙 5 秒鐘，立即撈出，放在裝有冷水的盆中，洗淨血汙和黏液，用餐巾紙擦乾水分，抹勻鹽、料理米酒和胡椒粉，擺在盤中。

3　將香菇、火腿片和豬肥肉片岔色擺在魚體刀口內，再淋上融化的豬油，放上蔥花和薑片，入蒸籠用大火蒸約 15 分鐘後取出，揀去薑片，即可上桌。

醬汁活魚

🍎 **特色**

　　烹煮這道菜時，魚不炸不煎，透過精湛的火工炒出黃醬的香氣，然後加湯燴魚。鹹中帶甜、醬香濃郁，是一道健康的好菜。

材料

草魚 .... 1 條	薑 .... 5 片	鹽 .... 適量
黃醬 .... 75 克	蔥花 .... 5 克	高湯 .... 適量
白糖 .... 20 克	大蔥 .... 3 段	沙拉油 ...... 適量
料理米酒 .... 15 克	蔥薑水 .... 適量	

作法

1　將草魚清洗乾淨，在兩面劃上一字花刀，加入蔥段、薑片、料理米酒和鹽拌勻醃 15 分鐘。

2　湯鍋放爐火上，加入適量清水煮沸，放入草魚燙一下，撈出放在冷水盆裡，刮洗去表面黏液和腹內黑膜，再換清水洗一遍，瀝乾水分。

3　熱鍋加熱，放入沙拉油燒至 180 度左右，放入黃醬，用小火炒香，烹料理米酒，加蔥薑水和高湯煮滾，放入白糖和草魚，用小火燒 10 分鐘，翻面後續燒 5 分鐘至熟且入味，取出草魚裝盤，原湯自然收濃，澆在魚身上，撒上蔥花即可上桌。

燴烏魚蛋湯

🍅 特色

燴烏魚蛋湯為魯菜系的第一名湯，它是以泡發好的烏魚蛋作主料，採用氽的方法烹製而成。嘗起來酸辣鮮香、開胃利口。

🍲 料理小知識

烏魚蛋並非蛋，乃是雌性墨魚的纏卵腺，一隻墨魚共有兩個。

材料

泡發烏魚蛋 .. 100 克	胡椒粉 .... 5 克	太白粉水 ..... 適量
香菜 .... 25 克	醬油 ....少許	清雞湯 ... 500 毫升
醋 .... 40 毫升	香油 ....少許	鹽 .... 適量
料理米酒 ... 10 毫升		

作法

1　將泡發烏魚蛋在滾水中煮透，剝去外皮，撕成橢圓狀卵形的片；香菜挑洗乾淨，切成碎末。

2　湯鍋放爐火上，加入清雞湯煮滾，加料理米酒，放入烏魚蛋片氽燙一下，撈出來瀝淨水分。

3　湯鍋重新放爐火上，放入醬油、鹽和氽好的烏魚蛋片，煮滾，撇去浮沫，用太白粉水勾成薄芡，攪勻離火，放入醋、香油，再撒上香菜末和胡椒粉，出鍋盛入湯盤裡即可。

賽螃蟹

🍅 特色

　　賽螃蟹是取黃花魚肉，配以雞蛋，加入各種調味料炒製而成的菜餚，具有魚肉雪白似蟹肉、雞蛋金黃如蟹黃、入口滑嫩、鹹鮮微酸的特點。因其不是螃蟹，卻媲美蟹味，故名賽螃蟹。

材料

黃花魚肉 ... 200 克	薑末 .... 10 克	料理米酒 ... 5 毫升
雞蛋 .... 4 個	太白粉 .... 5 克	胡椒粉 .... 1 克
鮮牛奶 ... 100 毫升	白糖 .... 5 克	香油 .... 3 毫升
醋 .... 45 毫升	鹽 .... 5 克	沙拉油 .... 50 毫升

作法

1　將黃花魚肉切成 1 公分見方的小丁，放入碗中，加 2 克鹽、料理米酒和太白粉拌勻，再加 10 毫升沙拉油拌勻；雞蛋磕破，蛋黃和蛋清分別入碗，各加入 1 克鹽攪勻，再把鮮奶加入蛋清內攪勻。

2　薑末入碗，加入醋、香油、胡椒粉、白糖和剩餘的鹽調勻成薑醋汁，待用。

3　熱鍋加熱，倒入沙拉油燒熱，放入黃花魚肉丁炒散變色，倒入蛋黃和蛋清慢慢推炒至凝結，再轉大火，倒入薑醋汁炒勻，出鍋裝盤即完成（可以撒些蔥花和胡蘿蔔丁點綴）。

糖醋鯉魚

🍅 特色

山東濟南北臨黃河，盛產著名的「黃河鯉魚」。用牠烹製的糖醋鯉魚極具特色，魚頭魚尾高翹，盡顯跳躍之勢，寓意「鯉魚躍龍門」。此菜採用炸溜之法烹製而成。吃起來外焦內嫩、酸甜可口。

🍲 料理小知識

牡丹花刀是指在魚鰓後 3 公分的地方，用直刀的方式切進去，快到椎骨的時候轉動刀口，向魚頭的方向再橫著切 2 公分。然後把魚肉翻起來，在魚肉上輕輕劃兩刀，這樣才算完成。

材料

鯉魚 1 條 .. 約 750 克	番茄醬 ...... 25 克	鹽 .... 5 克
雞蛋 .... 2 個	香油 .... 適量	太白粉水 .. 15 毫升
麵粉 .... 30 克	料理米酒 .. 15 毫升	沙拉油 .... 適量
太白粉 ...... 30 克	蒜末 .... 10 克	蔥段 .... 適量
白糖 .... 75 克	醬油 ...... 5 毫升	薑片 .... 適量
醋 .... 50 毫升		

作法

1 將洗淨的鯉魚兩面劃上牡丹花刀，置於盤中，放上料理米酒、3 克鹽、蔥段和薑片，拌勻醃 15 分鐘；雞蛋打入碗中，放入麵粉、太白粉、1 克鹽和適量水調勻成蛋糊。

2 熱鍋，倒入沙拉油燒至 180 度左右時，將醃好的鯉魚掛上蛋糊，沾滿魚身及刀縫處，左手提魚尾使刀口張開，右手舀熱油澆淋。待其結殼定型後，放入油鍋中浸炸至九分熟時撈出；待油溫升高到 200 度左右時，放入鯉魚，複炸至熟且呈金紅色，撈起瀝油，裝入魚盤中，用乾淨布蓋在魚上，用手輕輕壓。

3 鍋留適量底油燒熱，炸香蒜末，下番茄醬炒散至出紅油，放適量開水，加醬油、白糖、醋和剩餘的鹽調好酸甜味，勾太白粉水，淋香油推勻，再加 30 毫升熱油攪勻，澆在炸好的鯉魚上即可（可撒些熟青豆和胡蘿蔔丁點綴）。

烹對蝦段

🍅 **特色**

　　烹對蝦段是以明蝦為主要原料，經改刀、拍粉、油炸後，採用炸烹的方法烹製而成。外酥內嫩、口味鹹鮮、略帶回甘。建議趁熱吃才能享受到外焦裡嫩，鮮香清爽的口感。

材料

明蝦 .... 10 隻	蒜末 .... 5 克	胡椒粉 ...... 適量
香菜梗 ...... 15 克	料理米酒 .. 10 毫升	白糖 .... 適量
太白粉 ...... 25 克	鹽 .... 適量	高湯 .... 適量
蔥花 .... 5 克	醬油 .... 適量	香油 .... 適量
薑末 .... 5 克	醋 .... 適量	沙拉油 ...... 適量

作法

1　將明蝦去頭留尾，頂刀切成 3 段，放入盆中並加料理米酒、鹽、胡椒粉醃味，再加太白粉拌勻，使蝦表面及刀口處沾勻；取一小碗，放入醋、醬油、鹽、白糖、胡椒粉、蒜末、香菜梗及高湯，混成紅色滷汁，待用。

2　炒鍋置火上，倒入沙拉油燒至 180 度左右時，投入蝦段炸至八分熟撈出；待油溫升高，再次放入蝦段，複炸至皮酥色紅時，倒出瀝油。

3　鍋內留適量底油燒熱，下蔥花和薑末炸香，倒入炸好的蝦段和調好的滷汁，快速翻勻，淋香油，裝盤即可（可撒些香菜梗點綴）。

油燜大蝦

🍅 **特色**

　　油燜大蝦使用魯菜特有的油燜烹調方法，具有紅潤油亮、蝦肉脆嫩、鹹香回甜的特點。

材料

大蝦 .... 10 隻	料理米酒 .. 20 毫升	太白粉水 ..... 適量
番茄醬 ...... 15 克	白糖 .... 15 克	沙拉油 .... 適量
蔥節 .... 5 克	醬油 .... 適量	高湯 ..... 200 毫升
薑片 .... 5 克	鹽 .... 適量	

作法

1　大蝦剪去鬚、足，用刀順脊背劃開，挑出蝦線。再用剪刀在頭部剪一小口，挑出沙包，然後洗淨，瀝乾水分。

2　鍋子放爐火上，倒入沙拉油燒至 180 度左右時，投入大蝦，炸至上色，倒出瀝油。

3　鍋留適量底油燒熱，炸香蔥節和薑片，加入番茄醬略炒，摻高湯，加料理米酒、醬油、白糖、鹽調好口味，放入過油的大蝦，加蓋以小火燜約 3 分鐘至汁少時，把蝦夾出整齊裝盤。再轉大火，在湯汁內加適量熱油，待熬濃時，勾太白粉水，攪勻後淋在大蝦上即可（可放些香芹點綴）。

醋椒魚

🍅 特色

　　醋椒魚是一道傳統的家常菜。它是以鮮魚為主料，醋和胡椒粉為主要調味料，採用燉製法烹製而成。其顏色素雅、魚肉鮮嫩、湯汁奶白、味道酸辣，深受大眾喜愛。

材料

鮮鱸魚 1 條 .. 約 750 克	香菜 .... 5 克	香油 .... 5 毫升
蔥白 .... 10 克	醋 .... 50 毫升	融化的豬油 .. 25 毫升
薑 .... 10 克	料理米酒 .. 10 毫升	沙拉油 ...... 25 毫升
鮮紅椒 .... 5 克	胡椒粉 .... 5 克	鹽 .... 適量

作法

1　鮮鱸魚清洗乾淨，放入滾水鍋中燙一下，撈出放在冷水盆裡，洗去表面的黑膜黏液和腹內汙物，取出擦乾水分，在魚身兩側劃上十字花刀；蔥白和薑各取一半切片，另一半切絲；鮮紅椒切絲；香菜洗淨，切小段。

2　熱鍋炙熱，放入融化的豬油和沙拉油燒熱，下蔥白片和薑片稍炸，倒入開水煮沸，放入鱸魚並加鹽、胡椒粉和料理米酒，加蓋大火燉約 5 分鐘，轉中火燉熟，關火。

3　取一長盤，放入香油和醋，先把鱸魚撈入，再倒入湯汁，撒上蔥白絲、薑絲、紅椒絲和香菜段即可。

懷抱鯉

懷抱鯉為山東孔府的一道大菜，是用大小鯉魚各一條，採用紅燒法烹製而成的，具有色澤深紅、魚肉細嫩、味道鮮香的特點。因孔子的兒子孔鯉的墓葬於孔子墓的前面，形成了「抱子攜孫」的墓葬布局，懷抱鯉便由此得名。

材料

鮮鯉魚 2 條 .... 約 750 和 400 克	蔥 .... 10 克	醬油 .... 適量
白糖 .... 35 克	薑 .... 5 克	香油 .... 適量
肥肉 .... 15 克	鹽 .... 適量	沙拉油 .... 適量
	料理米酒 ..... 適量	醋 .... 少許

作法

1 將兩條鮮鯉魚清洗乾淨，在其兩側劃上一字斜刀，用少許醬油、料理米酒和鹽抹勻，醃約 10 分鐘，肥肉切絲；蔥切蔥花；薑切末。

2 熱鍋，倒入沙拉油燒至 200 度左右時，投入鯉魚炸至緊皮上色，撈出瀝油；鍋隨適量底油複上爐火，下 5 克蔥花和薑末炸香，放肥肉絲煸炒出油，烹料理米酒和醬油，加適量開水，放入炸好的鯉魚，調入鹽和白糖，用中小火燒約 15 分鐘至熟透入味，鏟出裝入長條盤內。

3 在鍋中湯汁內放 5 克蔥花和 25 毫升熱油，炒至湯汁濃稠時，淋香油，推勻後起鍋，澆在鯉魚上即可。

糟溜魚片

🍅 特色

　　糟溜是魯菜中的代表技法，也是魯菜裡比較清新的一個味型。運用此法烹製的糟溜魚片，味道鹹甜略帶酒香、魚片滑嫩潔白，非常好吃。

🍲 料理小知識

　　江浙多釀製黃酒，以紹興最為出名，釀酒後的酒糟再經封陳半年以上，即為香糟（白糟）。

材料

鮮桂魚 1 條 ... 約 750 克	香糟酒 ... 100 毫升	高湯 .... 適量
泡發木耳 .... 30 克	白糖 .... 25 克	太白粉水 ..... 適量
冬筍尖 .... 30 克	料理米酒 .. 10 毫升	香油 .... 適量
蛋清 .... 2 個	薑汁 .... 5 毫升	沙拉油 .... 適量
太白粉 .... 30 克	鹽 .... 適量	

作法

1　鮮桂魚清洗乾淨，取下魚肉，片成 5 公分長、3 公分寬的大片；木耳挑洗乾淨，撕成小朵；冬筍尖切薄片。

2　桂魚片放入碗中，加料理米酒和鹽拌勻，再加蛋清和太白粉抓勻，裹一層薄漿；將小朵木耳、冬筍片放入開水中汆燙透，撈出瀝水。

3　熱鍋炙熱，倒入沙拉油燒至 180 度左右時，放入魚肉片滑散至變白成熟，撈出瀝油，用熱水沖掉多餘油分；原鍋重上爐火，下香糟酒、高湯、白糖、薑汁和鹽，煮滾後放入魚肉片、木耳和筍片稍微煨一下，勾入太白粉水，淋香油，翻勻出鍋裝盤即可（可撒些蔥花和胡蘿蔔丁裝飾）。

繡球干貝

🍅 特色

繡球干貝是以蝦肉餡製成球形後，表面再滾沾上混合干貝絲成繡球狀，經蒸熟澆汁而成。外形似繡球、五彩繽紛、口感嫩爽、鮮香甘美。

材料

泡發干貝 ... 150 克	泡發冬菇 .... 25 克	鹽 .... 4 克
蝦肉 .... 200 克	蛋清 .... 2 個	太白粉水 .. 25 毫升
肥肉 .... 50 克	香菜葉 ...... 適量	香油 .... 5 毫升
瘦火腿 ..... 25 克	料理米酒 .. 10 毫升	雞湯 ..... 250 毫升
冬筍 .... 25 克	蔥薑汁 ..... 5 毫升	

作法

1. 將蝦肉和肥肉切成小丁，合在一起，剁成細泥；干貝擠淨水分，搓成細絲；瘦火腿、冬筍、冬菇均切成約 6 公分長的細絲，用開水汆燙透，撈出擠淨水分，與干貝絲混勻，待用。

2. 蝦肉泥放入盆中，加入蛋清、50 毫升雞湯、2 克鹽、料理米酒、蔥薑汁和 10 毫升太白粉水拌勻成餡，然後用手擠成直徑約 2.5 公分的丸子，在其表面滾沾上一層混合干貝絲成繡球狀，擺在盤內，上蒸籠以中火蒸熟，取出瀝淨湯汁。

3. 與此同時，鍋內加剩餘雞湯煮滾，調入鹽，用剩餘太白粉水勾薄芡，加香油，淋在蒸好的繡球干貝上，用香菜葉點綴即可。

侉燉目魚

🍅 特色

　　侉燉目魚是採用山東菜中獨有的一種叫作「侉燉」的烹調法製作而成。它是將魚肉切塊,經醃味、拍粉、沾蛋液和油炸後,入湯中燉製而成的,是一道帶湯的魚類菜。

材料

比目魚 .... 1 條	蔥薑水 .... 適量	鹽 .... 適量
雞蛋 .... 2 個	薑 .... 10 克	老陳醋 ...... 適量
泡發香菇 .... 25 克	蔥花 .... 5 克	胡椒粉 ...... 適量
冬筍尖 ..... 25 克	八角 .... 1 枚	香油 .... 適量
五花肉 ..... 15 克	麵粉 .... 適量	沙拉油 ...... 適量
蔥白 .... 10 克	料理米酒 .... 適量	

作法

1　將比目魚清洗乾淨,撕去魚皮,切成骨排塊,放在小盆內,加入料理米酒、鹽、胡椒粉和蔥薑水拌勻醃約 10 分鐘;香菇去蒂;冬筍尖切片,汆燙;蔥白、薑各取一半切片,另一半切絲;五花肉切片;雞蛋打入碗內,用筷子充分攪勻。

2　乾淨的鍋子放到爐火上,倒入沙拉油燒至 180 度左右時,把魚塊先拍上一層麵粉,裹勻雞蛋液,放到油鍋中,炸至皮硬定型且顏色金黃時撈出,瀝油。

3　原鍋隨適量底油複上爐火,下八角炸香,續下蔥片和薑片爆香,投入五花肉片煸酥出油,烹料理米酒,加適量開水,調入鹽和蔥薑水,放入炸好的魚塊和香菇、冬筍尖片,煮沸後撇淨浮沫,加入胡椒粉,以小火燉 5 分鐘至入味,揀出蔥白片、薑片和五花肉片,關火。取一乾淨湯盤,放入蔥絲和薑絲,加香油和老陳醋,倒入燉好的魚塊、蔬菜和湯汁,撒上蔥花即可。

山東海參

🍎 **特色**

　　山東海參是以泡發海參為主料，配以豬里脊肉、香菜等食材烹製而成的一款具有濃厚地方風味的湯菜。具有海參爽脆、湯色透紅、鹹鮮適口、略帶酸辣的特點，嘗過肥美的大菜之後，再吃此菜，既可解膩，又可下飯，歷來受到人們的歡迎。

材料

泡發海參 ... 200 克	香菜 .... 5 克	胡椒粉 ...... 適量
豬里脊肉 ... 100 克	薑 .... 3 克	醬油 .... 適量
雞蛋皮 ...... 1 張	料理米酒 ..... 適量	太白粉水 ..... 適量
蛋清 .... 1/2 個	米醋 .... 適量	香油 .... 適量
蝦米 .... 10 克	鹽 .... 適量	雞湯 ..... 600 毫升
蔥白 .... 10 克		

作法

1　將海參腹內的泥沙雜物清洗乾淨，用刀片成大抹刀片；豬里脊肉切成小薄片；雞蛋皮切成絲；蝦米用水洗淨泥沙，用溫水泡透；蔥白切成細絲；薑切末；香菜洗淨，切段。

2　豬里脊片放入碗中，加料理米酒、鹽、蛋清和太白粉水拌勻裹漿；湯鍋放到爐火上，加入 100 毫升雞湯煮滾，放入海參片汆燙透，撈出瀝水。

3　湯鍋重新放爐火上，倒入剩餘雞湯煮滾，放入薑末和蝦米煮出味，分別放入海參片和豬里脊片汆熟，加醬油、鹽調好鹹味，再加入米醋和胡椒粉，攪勻盛入湯碗內，撒上蛋絲、蔥白絲和香菜段，淋上香油即可（可以撒些蔥花和胡蘿蔔丁點綴）。

蔥燒海參

🍅 **特色**

　　一直以來，海參常被當作一種名貴的滋補品。高蛋白、低脂肪，營養價值高，而這道菜是以泡發海參和大蔥為主料燒製而成的。海參柔軟彈滑、蔥香四溢不散、芡汁濃郁醇厚。

材料

泡發海參 ... 400 克	醬油 .... 適量	融化的豬油 .. 35 毫升
大蔥 .... 100 克	高湯 .... 適量	沙拉油 ...... 35 毫升
鹽 .... 適量	太白粉水 ..... 適量	

作法

1　將海參腹內的雜物沖洗乾淨，用刀切成 6 公分長的厚片，放在高湯中汆透，撈出瀝水，整齊的擺在盤中；大蔥切成 5 公分長段。

2　炒鍋放到爐火上，放入融化的豬油和沙拉油燒熱，放入蔥段炸黃撈出，再把鍋中一半熱油倒入小碗內，備用。

3　炒鍋重新放爐火上，加入高湯、醬油、鹽調好色味，倒入盤中的海參片，以中火燒至汁少入味時，放入炸好的蔥段續燒一會，勾太白粉水，邊晃鍋邊順鍋邊淋入小碗內的蔥油，再次翻炒均勻，盛入盤中即可。

油爆海螺

🍅 特色

　　油爆海螺是明清年間流行於登州、福山的傳統海味名餚。此菜是以海螺肉為主要原料，搭配木耳和大蔥等爆炒而成。質地脆嫩、明油亮芡、蔥香鹹鮮，是一道非常營養健康的菜。

材料

海螺肉 ..... 250 克	料理米酒 .. 10 毫升	香油 .... 適量
大蔥 .... 50 克	醋 .... 5 毫升	沙拉油 ...... 適量
泡發木耳 .... 25 克	鹽 .... 適量	高湯 ..... 75 毫升
蒜頭 .... 2 瓣	太白粉水 .... 適量	胡蘿蔔片 .... 適量

作法

1　海螺肉用少許鹽和醋搓去黏液，用清水洗淨，片成極薄的大片；大蔥先剖成兩半，再切成 1 公分長的小段；木耳挑洗乾淨，較大的撕開；蒜頭切片。

2　鍋放大火上，加入適量清水煮滾，放入海螺肉片汆燙一下，速撈出瀝乾水分；用高湯、料理米酒、鹽和太白粉水在小碗內調成芡汁，備用。

3　炒鍋放爐火上，倒入沙拉油燒至 200 度左右，投入海螺肉片爆炒一下，迅速撈出，瀝乾油分；鍋內留適量底油，下蔥段和蒜片爆香，放入胡蘿蔔片、木耳和海螺片，迅速倒入調好的芡汁，翻炒均勻，淋香油，盛入盤內即可。

御筆猴頭

🍎 特色

御筆猴頭是孔府菜中的代表菜之一。它是選用「八珍」之一的海參為主料，配以雞肉蓉等製成毛筆形狀，經清蒸而成的菜餚。

🍲 料理小知識

玻璃芡，又叫做米湯芡、薄芡、清二流芡，是芡汁中最稀的一種。

材料

猴頭菇 ...... 20 克	新鮮紅辣椒 .. 10 克	料理米酒 ... 5 毫升
泡發海參 ..... 6 個	蛋清 .... 1 個	鹽 .... 5 克
糯米飯 ..... 100 克	蠔油 ...... 15 克	雞湯 ..... 250 毫升
雞肉蓉 ...... 100 克	蔥薑汁 .... 10 毫升	香油 ..... 5 毫升
胡蘿蔔 ...... 25 克	香蔥末 ...... 5 克	太白粉水 .....適量
嫩莖萵苣 .... 25 克		

作法

1 猴頭菇用刀切成六片；海參去除腹內雜物，洗淨；胡蘿蔔和嫩莖萵苣先修切成同海參一樣粗的圓柱形，再切成 1 公分的厚片；紅辣椒洗淨，橫著切細絲，作筆穗；糯米飯入碗，加入香蔥末和蠔油拌勻；雞肉蓉入碗，加入 1 克鹽、蔥薑汁和蛋清調味。

2 熱鍋，倒入 120 毫升雞湯煮滾，加入 2 克鹽和料理米酒，分別放入猴頭菇片、海參、胡蘿蔔片和嫩莖萵苣片汆燙透，撈出瀝去水分。

3 將每片猴頭菇的光面放上雞肉蓉，修整成毛筆頭狀；將糯米飯填入每隻海參腹內，作筆桿；將毛筆頭和筆桿銜接處放胡蘿蔔片，在筆桿頂端部位放上嫩莖萵苣片，用紅辣椒絲穿在嫩莖萵苣片中間成為毛筆穗頭。這樣一個御筆猴頭即做好。依次把其他幾個做好，入蒸籠用中火蒸 5 分鐘，取出。

4 與此同時，熱鍋，倒入剩餘雞湯煮滾，加鹽調味，勾入太白粉水成玻璃芡汁，淋香油，攪勻後淋在盤中食物上即可。

PART 3

浙菜，鮮美清甜，
餘韻十足

　　浙菜，即浙江風味菜。浙江素有「江南魚米
之鄉」的美稱。豐富的物產與卓越的烹飪技藝相
結合，使浙菜自成一派。浙菜起源於新石器時代
的河姆渡文化，成熟於漢唐時期，宋元時期的繼
續繁榮和明清時期的進一步發展，使得浙菜的整
體風格更加成熟。

▌ 浙菜流派　浙菜主要由杭州菜、寧波菜、紹興菜和後起之秀
的溫州菜四個地方流派組成。

杭州菜以爆、炒、燴、炸為主。代表菜有「西湖
醋魚」、「東坡肉」、「龍井蝦仁」等。

寧波菜也叫甬幫菜，以蒸、烤、燉製海味見長，
代表菜有「雪菜大湯黃魚」、「苔菜拖黃魚」等。

紹興菜以河鮮、家禽為主，且多用紹興黃酒烹
製，代表菜有「紹興醉雞」、「乾菜燜肉」等。

溫州菜也叫甌菜，菜品以海鮮入饌為主，口味清
鮮，代表菜有「三絲敲魚」、「蛋煎蟶子」等。

▌ 浙菜特色　浙菜以烹製海鮮、河鮮、時令菜為特色；烹法以
炒、炸、燴、溜、蒸、燒六類為專長；調味擅長
使用酒、蔥、薑、蒜頭和糖；注重刀工，如「錦
繡魚絲」，9 公分長的魚絲整齊劃一；菜名喜用
風景名勝或傳說典故來命名，如「西湖醋魚」、
「東坡肉」、「宋嫂魚羹」等。

紹興醉雞

🍅 菜餚故事

傳說很久以前，在浙江紹興的一個小村莊裡有一戶人家，住著兄弟三人，互敬互愛，日子和睦。後來，三兄弟陸續娶了老婆，老婆個個心靈手巧，十分能幹。但在一起生活的時間長了，難免會有意見。於是三兄弟想出一個辦法：讓三位妯娌比賽一下，各做一道雞料理，誰做的好吃就讓誰當家。

條件是每人一隻雞，但不准加油，不准用其他菜來配。三位妯娌同意後，老大的老婆端上桌的是一鍋清燉雞，老二的老婆做的是白斬雞，老三的老婆上了一盤用紹興酒泡的醉雞。最終，全家吃後都評定老三的老婆做的醉雞又鮮又嫩，酒香撲鼻，別有一番風味。老三的老婆就名正言順的當了家。此後，她做的醉雞也在鄰里間傳開了。

🍅 特色

在浙江紹興，每到佳節和賓朋相聚之日，幾乎家家戶戶的餐桌上都會有一道「醉雞」涼菜。它是將去骨雞腿經紹興黃酒醃製煮熟後，再用黃酒和雞湯調成的醉汁泡入味而成。色澤靚麗、酒香撲鼻、雞肉鮮嫩，食後令人回味無窮，是飲酒佐餐的佳品。

材料

去骨雞腿 ...... 2 隻	鹽 .... 10 克	枸杞子 ...... 10 克
紹興黃酒 .. 250 毫升	白糖 .... 5 克	當歸 .... 5 克
冷雞湯 .... 250 毫升		

作法

1 用刀背將雞肉的筋膜拍斷，抹勻 5 克鹽和 20 毫升紹興黃酒，醃約 15 分鐘，待用。

2 將醃過的雞腿捲成圓筒狀，先用白紗布包緊，再用棉線綁起。放入滾水鍋中，以微火煮 25 分鐘，關火後再泡 5 分鐘，撈出放在冰水中浸涼，瀝去汁水，再解開棉線和紗布。

3 將冷雞湯和紹興黃酒倒在保鮮盒內，加入鹽、白糖、枸杞子和當歸調勻成醉汁，放入雞腿肉，並放入冰箱浸泡約 1 天，撈出切片，裝盤後淋少量醉汁即可（可以撒些蔥花和胡蘿蔔丁點綴）。

乾炸響鈴

🍅 特色

這道菜是選用富陽泗鄉出產的豆腐皮，放入豬肉餡捲好油炸後，鮮香撲鼻，鬆脆可口。因口感特別酥鬆，入口「嚓嚓」作響，聲脆如響鈴，故名。這道菜不但能飽口福和眼福，還能飽耳福。

材料

豆腐皮 ...... 12 張	太白粉 ...... 10 克	薑末 .... 3 克
豬里脊肉 ... 100 克	料理米酒 ... 5 毫升	鹽 .... 2 克
蛋黃 .... 50 克	蔥末 .... 3 克	沙拉油 ... 300 毫升

作法

1 豬里脊肉剁成細泥，加料理米酒、蔥末、薑末、鹽和太白粉調勻成餡；豆腐皮撕去硬邊，用刀修齊，邊角料待用。

2 將修好的豆腐皮逐層揭開，每四張疊在一起，取 1/3 豬肉餡均勻攤在豆腐皮的一邊，再沿此邊擺入少許豆腐皮邊角料，從有肉餡的這邊開始鬆鬆捲起呈筒狀，介面處抹蛋黃黏牢。依次把剩餘豆腐皮做完，斜刀切成段，備用。

3 熱鍋，倒入沙拉油燒至 150 度左右時，放入豆腐皮捲炸到金黃酥脆，發出「劈劈啪啪」的響聲時，撈出瀝油，擺盤即可。

燒香菇

🍅 特色

　　香菇是食用菌中的上品，素有「蘑菇皇后」之稱。它含有三十多種酶和 18 種氨基酸。人體必需的 8 種氨基酸，香菇中含有 7 種。用其作為原料，採用燒的方法製作而成的「燒香菇」，也叫「長壽菜」，是浙江的一道傳統名菜，以其油潤明亮、口感美妙、味道鹹鮮的特點征服無數食客。

材料

新鮮香菇 ... 400 克	鹽 .... 5 克	高湯 ..... 150 毫升
番茄 ...... 1/2 個	蔥花 .... 適量	香油 .... 5 毫升
薑片 .... 5 克	白糖 .... 3 克	沙拉油 .... 30 毫升
蒜片 .... 5 克	太白粉水 .. 15 毫升	

作法

1. 香菇洗淨，放在滾水鍋中煮軟，撈出放涼，擠乾水分，去蒂，切成片；番茄洗淨，切成小丁。

2. 熱鍋，放入沙拉油燒至 180 度左右，下薑片和蒜片炸香，放入香菇片煸炒到無水氣時，加高湯，調入鹽和白糖，用中火燒至入味，放入番茄丁略燒，勾入太白粉水，淋香油，翻勻裝盤，撒上蔥花即可。

腐乳肉

🍅 菜餚故事

據說這道菜與乾隆皇帝有關。有一次,乾隆皇帝帶領自己的親信太監去江南微服私訪,來到一戶人家,屋主被告知這是微服私訪的乾隆皇帝,要品嘗江南特色小吃。由於是平民百姓,平常家中最豐盛的也就是紅燒肉了,但乾隆皇帝什麼東西沒有吃過?紅燒肉都吃膩了。於是,女主人想到一個方法,用家裡僅剩的一些豆腐乳汁來燒肉。

女主人硬著頭皮將燒好的這盤菜給乾隆品嘗,結果卻出乎意料。乾隆夾起一塊肉剛放進嘴裡,便大讚好吃:「香而不膩、軟爛爽口,這等好菜我在京城裡還未吃到過呢!」邊吃邊連忙詢問材料和作法,了解到是由最常見的豆腐乳汁製成,不禁感嘆百姓的創造力之強。乾隆走後,街坊鄰里都來討教這道菜的作法,之後便成了浙江的一道傳統名菜。

🍅 特色

腐乳肉是用豆腐乳和五花肉蒸製而成的一道菜,具有色澤紅亮、肥而不膩、口感軟爛、乳香味濃的特點。兩百多年來,一直受到南北食客的喜愛和歡迎。

材料

帶皮五花肉 .. 500 克	八角 .... 2 顆	白糖 .... 3 克
豆腐乳 .... 3 塊	花椒 .... 數粒	開水 ...... 50 毫升
豆腐乳汁 ..... 30 克	蜂蜜 .... 5 克	沙拉油 ...... 適量
薑片 .... 5 克	鹽 .... 3 克	蔥花 .... 適量

作法

1. 將五花肉皮上的殘毛汙物刮洗乾淨,放在水鍋中煮至八分熟,撈出擦乾水分,在表面均勻抹上蜂蜜,晾乾,投入到燒至 200 度左右的油鍋中炸成棗紅色,瀝乾油分。

2. 把炸過的五花肉用開水泡軟至皮起皺褶,切成 0.3 公分厚的長方片;豆腐乳入碗,用小勺碾成細泥,加入豆腐乳汁、開水、鹽和白糖調成醬汁備用。

3. 取一蒸碗,先將整齊的五花肉片皮朝下擺入碗中,再把剩下的邊角料裝入,至與碗口齊平,然後倒入調好的醬汁,放上八角、花椒和薑片,入蒸籠用大火蒸約 2 小時至酥爛入味,取出翻扣在盤中,用蔥花點綴,便可上桌。

西湖蓴菜湯

🍅 特色

顏色碧綠的蓴菜，是杭州西湖的一種珍貴的水生蔬菜，搭配雞絲、火腿製作而成的西湖蓴菜湯，以其色澤碧綠、雞絲潔白、火腿鮮紅、蓴菜鮮嫩爽滑、湯清味鮮的特點成為浙江名菜。許多旅居國外的僑胞及華裔友人路經杭州時，常品嘗此菜，以表達他們思念的深情。

材料

蓴菜	150 克	蛋清	1 個	香油	適量
雞胸肉	50 克	鹽	適量	高湯	適量
熟火腿	10 克	太白粉水	適量		

作法

1 將蓴菜去莖和老葉，用清水洗淨泥沙和雜物；雞胸肉切成細絲，放入碗中加鹽、蛋清和太白粉水拌勻裹上；熟火腿切成細絲。

2 湯鍋放爐火上，加入少量高湯煮沸，放入蓴菜汆燙熟，撈出盛入湯碗裡。

3 原鍋洗淨重新放到爐火上，加入高湯煮滾，放入雞肉絲汆熟，撇淨浮沫，加鹽調好口味，倒入蓴菜碗裡，撒上火腿絲，淋上香油即可。

桂花鮮栗羹

🍎 **特色**

　　桂花鮮栗羹是杭州廚師用桂花
釀（又稱糖桂花）、栗子肉和西湖藕
粉製成的一款甜品，成菜顏色紅、
黃、綠、白相間，栗子肉酥，羹汁
濃稠，桂花芳香，清甜適口，實為
一道倍受食客歡迎的浙江經典風味
名菜。

材料

栗子肉 ..... 100 克	玫瑰花 .... 2 朵	白糖 .... 50 克
青梅 .... 3 顆	蓮藕粉 ..... 25 克	桂花釀 ...... 10 克

作法

1　將栗子肉洗淨，切成薄片；青梅切成薄片；蓮藕粉放碗內，加入適量溫水，攪勻成
　　蓮藕粉汁，待用。

2　熱鍋，加入適量清水煮沸，放入栗子肉片和白糖，再次沸騰後撇淨浮沫，用小火煮
　　熟，淋入蓮藕粉汁成羹狀，攪勻稍煮，起鍋盛在湯盤內，撒上青梅片、桂花釀和玫
　　瑰花瓣即可。

干絲第一響

🍅 特色

干絲第一響是浙江的一道經典菜品，它是以豆腐皮為主料，搭配鍋巴、蝦仁、熟雞絲等多種食材烹製而成，具有鍋巴酥脆、湯汁味美的特點。

材料

豆腐皮 ...... 150 克	油菜（取心）.. 25 克	胡椒粉 .... 適量
鍋巴 .... 100 克	胡蘿蔔 .... 25 克	太白粉水 ...... 適量
金華火腿 ..... 50 克	鹽 .... 適量	高湯 .... 適量
蝦仁 .... 50 克	雞粉 .... 適量	沙拉油 .... 適量
熟雞肉 .... 50 克		

作法

1 豆腐皮、金華火腿切細絲；蝦仁用刀劃開脊背，挑去蝦線，洗淨；熟雞肉用手撕成絲；油菜洗淨，切成條；胡蘿蔔洗淨，切成花刀片；鍋巴掰小塊。

2 湯鍋放爐火上，加入清水煮沸，放入豆腐皮絲、火腿絲、蝦仁、雞肉絲和油菜條一起汆燙一下，撈出用冷水沖涼，瀝乾水分。

3 原鍋重放爐火上，加入高湯煮滾，倒入汆燙過水的食材，調入鹽、雞粉和胡椒粉，攪勻煮滾，待食材煮熟後，用太白粉水勾芡，出鍋倒在碗內。

4 鍋內放沙拉油燒至 180 度左右時，倒入鍋巴塊炸至金黃酥脆，撈出裝在深湯盤中，再淋上 30 毫升熱油，放上碗裡煮好的食材即可。

火腿蠶豆

🍅 **特色**

　　早在 1956 年火腿蠶豆就被浙江省認定為 36 種杭州名菜之一。它是以嫩蠶豆搭配著名的金華火腿一起烹製而成的。紅綠相間，清香味醇，為初夏時好佳餚。

材料

嫩蠶豆	300 克	鹽	適量	香油	適量
金華火腿	75 克	料理米酒	適量	沙拉油	適量
白糖	10 克	太白粉水	適量	大骨湯	100 毫升

作法

1　金華火腿上蒸籠蒸熟，取出晾冷，切成小薄片；嫩蠶豆放入滾水鍋中汆燙透，撈出瀝去水分。

2　熱鍋，倒入沙拉油燒至 150 度左右時，倒入嫩蠶豆煸炒一下，再加入火腿片一起炒勻。

3　烹料理米酒，摻大骨湯，調入白糖、鹽，待燒透入味，用太白粉水勾芡，淋香油，翻勻裝盤即可。

油燜春筍

🍅 特色

　　油燜春筍是選用清明前後出土的嫩春筍，用重油、重糖烹製而成。以其色澤紅亮、脆嫩爽口、鹹鮮而帶甜味、百吃不厭的特點被浙江省認定為 36 種杭州名菜之一。並在央視《舌尖上的中國》第一集〈自然的饋贈〉系列中，作為美食之一進行了介紹。

材料

帶殼春筍 ..... 1 個	鹽 .... 適量	香油 .... 適量
薑片 .... 5 克	香菜葉 ...... 適量	沙拉油 .... 適量
蒜片 .... 5 克	白糖 .... 適量	高湯 .... 適量
醬油 .... 適量	太白粉水 ..... 適量	

作法

1　帶殼春筍洗淨汙物，放在滾水鍋中煮熟，撈出剝殼，把筍肉的老根切除，用刀拍鬆，切成不規則的劈柴塊，投入滾水鍋中氽燙透，撈出瀝乾水分。

2　炒鍋放上爐火，放入沙拉油燒至 180 度左右，炸香薑片和蒜片，倒入春筍塊翻炒約 3 分鐘，摻高湯，加醬油、鹽、白糖調好口味，加蓋以小火燜透入味，勾太白粉水，淋香油，撥勻裝盤，用香菜葉點綴即可。

蝦爆鱔背

🍅 特色

蝦爆鱔背的作法為先將黃鱔肉切斷後油炸兩次，再搭配蝦仁爆炒而成。鱔肉焦嫩、蝦仁滑爽、味道鹹鮮。

材料

鱔魚 .... 200 克	醋 .... 50 毫升	醬油 .... 適量
蝦仁 .... 100 克	洋蔥絲 ...... 10 克	香油 .... 適量
蒜苔節 ...... 20 克	薑末 .... 5 克	沙拉油 .... 適量
太白粉 ...... 10 克	鹽 .... 適量	高湯 ..... 150 毫升
蛋清 .... 1 個	白糖 .... 適量	料理米酒 ..... 適量

作法

1 熱鍋，加入 250 毫升清水煮沸，放醋和 5 克鹽，放入鱔魚，加蓋煮沸，關火浸泡 12 分鐘，撈出去骨，取肉切成 10 公分長段。

2 蝦仁洗淨，擠乾水分，放在碗內，加入鹽、蛋清和太白粉拌勻裹漿，放入冰箱冷藏半小時，待用。

3 熱鍋，倒入沙拉油燒至 180 度左右時，放入蝦仁滑熟，撈出瀝油；待油溫升高至 200 度左右時，放入鱔魚段炸乾水氣撈出，待升高油溫，再次放入鱔魚段炸至焦脆，倒出瀝乾油分。

4 原鍋隨適量底油複上爐火，放入洋蔥絲、蒜苔節和薑末炒香，加入鱔魚肉爆炒幾下，烹料理米酒，加高湯、白糖、醬油、鹽炒至汁黏，加蝦仁和香油，翻勻即可（可以撒些芝麻點綴）。

糟燴鞭筍

🍅 特色

糟燴鞭筍是以嫩鞭筍為主料、香糟為主要調味料,經過煸炒燒製而成。吃起來糟香濃郁、質感脆爽。

🍲 料理小知識

鞭筍為孟宗竹春筍過後,盛夏竹鞭上發出伸展的鞭芽,在栽培地斷層土壤出現,筍形不大,品質和食味比冬筍更佳,但臺灣極少利用。

材料

嫩鞭筍肉 ... 300 克	鹽 .... 適量	香油 .... 適量
香糟 .... 50 克	高湯 .... 適量	沙拉油 .... 適量
太白粉水 .. 25 毫升		

作法

1　嫩鞭筍肉切成 5 公分長段,對剖成兩半,用刀輕輕拍鬆,切條,汆燙待用。

2　香糟放入碗內,加入 100 毫升水攪散調勻,過濾去渣,留香糟汁待用。

3　熱鍋,倒入沙拉油燒至 180 度左右,投入鞭筍條略煸至吃足油分,加高湯、香糟汁、鹽,以中火燒透入味,用太白粉水勾芡,淋香油,翻勻裝盤即可(可以點綴些香菜和火腿丁)。

乾菜燜肉

🍅 **特色**

　　紹興乾菜是浙江著名的特產，它具有鮮嫩清香的特點，與肉共煮尤為鮮美可口。乾菜燜肉便是取紹興乾菜和豬五花肉合燜而成的一道浙江名菜，成品可見梅乾菜烏黑發亮，五花肉油潤紅亮、入口酥爛不膩、鹹甜濃香。

材料

帶皮豬五花肉 .. 500 克	桂皮 .... 1 小塊	鹽 .... 適量
梅乾菜 .... 100 克	醬油 .... 適量	料理米酒 .... 適量
八角 .... 2 個	白糖 .... 適量	蔥花 .... 適量

作法

1　將豬五花肉皮上的殘毛汙物刮洗乾淨，切成 2 公分見方的塊，放入滾水鍋中煮約 1 分鐘，撈出用熱水洗去表面汙沫，瀝去水分；梅乾菜用熱水泡軟洗淨，切成 1 公分長的小段。

2　湯鍋內添 250 毫升清水，放爐火上煮沸，放入八角、桂皮、醬油和豬肉塊，用大火煮 10 分鐘，再放入白糖和梅乾菜段煮 5 分鐘，用大火收濃湯汁，盛出備用。

3　取扣碗一個，先放 1/3 乾菜段墊底，再將豬肉塊皮朝下擺放在乾菜上，用剩下的乾菜蓋住豬肉塊，加料理米酒和湯汁，上蒸籠用大火猛蒸 2 小時左右至肉塊酥糯時，出蒸籠翻扣在大盤中，用蔥花點綴即可。

東坡肉

🍅 特色

東坡肉這道菜據說是由蘇東坡所創製的,「慢著火,火著水,火候足時它自美」這 13 個字是他做好東坡肉的訣竅。該菜是以五花肉為主料,經過切塊後,加酒、糖、醬油等,用小火長時間燜燉而成。入口香糯、肥而不膩、酒香鹹甜、味醇汁濃。

🍲 料理小知識

加飯酒是紹興黃酒的一種,是在釀酒過程中,增加釀酒用米飯的數量,用水量較少。在這也可用紹興酒取代。

材料

豬五花肉 ... 750 克	紹興加飯酒 500 毫升	白糖 .... 100 克
香蔥 ...... 100 克	醬油 ..... 150 毫升	鹽 .... 適量
薑 .... 50 克		

作法

1 將整塊豬五花肉放入滾水鍋裡煮至五分熟,撈出刮洗乾淨,切成 5 公分見方的塊;香蔥挑洗乾淨,瀝乾水分,少許切成蔥花;薑洗淨,切厚片,拍鬆。

2 取一乾淨砂鍋,先墊上竹箅子,放上香蔥和薑片,再將豬肉塊皮朝下放在上面,加入紹興加飯酒和醬油,撒入鹽和白糖,蓋上蓋子,用微火燜燉 1 小時,再將豬肉塊翻轉燜燉半小時,離火。

3 把豬肉塊裝入砂罐內,倒入湯汁,蓋上蓋子,上蒸籠蒸半小時,取出盛入盤中,撒上蔥花即可上桌。

蜜汁火方

🍅 特色

　　蜜汁火方為浙江的一道傳統名菜，以金華火腿為主料、蓮子作配料，採用蜜汁法烹製而成，具有形色美觀、肉質酥糯、甜鹹濃香、回味無窮的特點。

材料

方形火腿 1 塊 .. 約 500 克	太白粉水 .. 15 毫升	桂花醬 .... 少許
泡發蓮子 .... 50 克	料理米酒 .. 75 毫升	青梅蜜餞 ..... 少許
冰糖 .... 150 克	糖漬櫻桃 ..... 少許	

作法

1　將方形火腿用熱水把表面汙物洗淨，瀝乾水分，用刀在肉面劃上十字花刀，切成片；泡發蓮子剔除蓮心；冰糖敲碎。

2　把火腿片放在深盤中，加入清水和 50 毫升料理米酒，撒上 50 克碎冰糖，上蒸籠蒸 1 小時，取出瀝去汁；再加入清水和 25 毫升料理米酒，撒上 50 克碎冰糖，重上蒸籠蒸一次，取出瀝去汁，翻扣在盤中，周邊圍上蓮子。

3　熱鍋，添適量清水煮滾，加入剩餘碎冰糖煮至黏稠，用太白粉水勾芡，淋在蒸好的方形火腿上即可。

4　根據個人口味可以點綴糖漬櫻桃、桂花醬、青梅蜜餞。

荷葉粉蒸肉

🍅 特色

　　荷葉粉蒸肉這道菜是以荷葉包住醃製後裹上五香米粉的豬肉，經大火蒸製而成。其肉質酥爛、肥而不膩、荷香濃郁。

🍲 料理小知識

　　炒米粉即蒸肉粉，蒸肉粉是米做的（炒到變黃後放冷，用調理機絞碎），有些地區直接叫它「米粉」。

材料

帶皮豬五花肉 500 克	料理米酒 .. 40 毫升	蔥絲 .... 30 克
五香炒米粉 ... 75 克	白糖 .... 15 克	薑絲 .... 30 克
甜麵醬 ...... 75 克	醬油 ...... 15 毫升	荷葉 ...... 1 大張

作法

1　將豬五花肉表皮上的殘毛汙物刮洗乾淨，先修切成長方塊，再切成 0.3 公分的厚片；荷葉用開水燙過，裁成多個邊長約 12 公分的方塊。

2　豬五花肉片放入碗中，加甜麵醬、醬油、料理米酒、白糖、蔥絲和薑絲拌勻醃製 1 小時，再加入五香炒米粉拌勻。

3　取 1 張荷葉包上一塊醃好的五花肉片，待全部包完後，裝入小竹籠內，上蒸鍋用大火猛蒸 2 小時至酥爛，取出依次拆開後，擺在荷葉上即可。

西湖牛肉羹

🍅 特色

單看西湖牛肉羹的名字，就能得知這道傳統名菜來自浙江杭州。有人說，因為這道羹湯由蛋清和太白粉調成，狀似湖水漣漪，很像「西湖」，故名。該羹湯是以牛肉末為主料，加上蛋清、太白粉和高湯製作而成。喝起來香滑味鮮、開胃醒酒，讓人喝完還想再喝。

材料

牛肉	150 克	鹽	5 克	高湯	750 毫升
蛋清	2 個	白胡椒粉	3 克	香油	5 毫升
香菜末	5 克	太白粉水	30 毫升	融化的豬油	30 毫升
料理米酒	5 毫升				

作法

1 牛肉洗淨，切成小丁，放在滾水鍋中燙至變色，撈出瀝水；蛋清入碗，用筷子充分打散。

2 湯鍋放爐火上，放入 15 毫升融化的豬油燒熱，放入牛肉丁炒散且水氣乾時，烹料理米酒，摻高湯，加鹽、白胡椒粉和香油，煮沸後，淋入太白粉水，待湯再次微沸後，淋入蛋清成蛋花，最後倒入剩餘的融化豬油和香菜末，攪勻即可盛入碗內。

清湯越雞

🍅 特色

清湯越雞為浙江紹興的傳統風味名菜，是取整隻嫩越雞，加上火腿、香菇和筍片等輔料清燉而成。湯清味鮮、肉質細嫩、營養豐富。1933 年 10 月，詩人柳亞子夫婦南下來到紹興，品嘗後，將此菜的特點概括為 8 個字：「皮薄、肉嫩、骨鬆、湯鮮。」

🍲 料理小知識

越雞為紹興的特產，個體肥大，肉質細嫩，雞骨鬆脆。

材料

淨嫩越雞 1 隻 .. 約 750 克	冬筍 .... 25 克	料理米酒 .. 15 毫升
油菜（取心）...... 50 克	泡發香菇 .... 25 克	鹽 .... 5 克
火腿 .... 25 克	薑 .... 10 克	

作法

1　將越雞斬去雞爪，敲斷小腿骨，放在滾水鍋中汆透，撈出洗去血沫，瀝乾水分；香菇去蒂；火腿、冬筍、薑分別切片；油菜汆燙備用。

2　取大砂鍋一個，放入汆燙過水的越雞，舀入清水沒過雞的表面，加蓋用大火煮沸，撇去浮沫，改用小火繼續燜煮約 1 小時，離火。

3　把雞取出放入湯盤內，加入鹽和料理米酒，倒入燉雞原湯，再把火腿片、冬筍片、薑片和香菇放在雞身上，加蓋上蒸籠用大火蒸約 30 分鐘，取出，放入油菜心，即可上桌。

燴金銀絲

🍎 **特色**

　　這道菜是使用著名的金華火腿和雞胸肉燴製而成，具有雞絲鮮嫩、火腿香郁、湯汁濃醇、鮮嫩無比的特點。

材料

雞胸肉 ..... 150 克	料理米酒 .. 15 毫升	鹽 .... 適量
金華火腿 .... 75 克	太白粉水 .. 30 毫升	沙拉油 .... 適量
豌豆苗 ...... 25 克	熟雞油 .... 15 毫升	雞湯 ..... 500 毫升
蛋清 .... 1 個		

作法

1　雞胸肉先片成薄片，再切成細絲，放入碗中，加料理米酒、蛋清、鹽和 20 毫升太白粉水拌勻裹漿；金華火腿切成細絲；豌豆苗用沸水略燙之後，放冷水，瀝淨水分備用。

2　熱鍋加熱，倒入沙拉油燒至 150 度左右時，分散放入雞肉絲滑熟，倒出瀝乾油分。

3　原鍋隨適量底油複上爐火，倒入雞湯煮滾，加鹽調味，用剩餘太白粉水勾芡，倒入火腿肉絲和雞肉絲，用手勺推散，淋熟雞油，出鍋裝在湯盤中，撒上豌豆苗即可。

蛤蜊黃魚羹

🍅 **特色**

　　在寧波，以黃魚為主料烹製的菜餚較多，其中將黃魚去皮去骨，切成小丁，加上蛤蜊肉和高湯製作的蛤蜊黃魚羹，成為寧波菜中的上品佳餚，口味鮮美，特別受歡迎。

材料

蛤蜊	200 克	火腿	10 克	太白粉水	適量
黃魚肉	150 克	料理米酒	10 毫升	大骨湯	適量
雞蛋	1 個	鹽	適量	融化的豬油	適量
香蔥	15 克				

作法

1　將蛤蜊放入淡鹽水中 2 小時左右，使其吐淨泥沙；黃魚肉剔淨小刺，切成小丁；香蔥挑洗乾淨，切碎末；火腿切末。

2　將蛤蜊取出，用清水洗淨，入滾水鍋中稍汆撈出，剝殼取肉；雞蛋打入碗內，打勻成蛋液。

3　熱鍋加熱，倒入融化的豬油燒至 180 度左右，放 10 克香蔥末煸香，再放魚肉丁煸一下，隨即放料理米酒、鹽和大骨湯。待煮沸後撇淨浮沫，用太白粉水勾薄芡，放蛤蜊肉稍煮，淋上蛋液，攪勻出鍋，裝入湯盤內，撒上火腿末和剩餘蔥末即可。

油爆蝦

　　油爆蝦為浙江杭州的傳統名菜，它是以新鮮河蝦為主要原料，經過油炸爆炒而成，具有色澤紅亮、殼脆肉嫩、鹹香回甜的特點。

材料

河蝦 .... 400 克	白糖 .... 25 克	高湯 .... 適量
香蔥 .... 20 克	醋 .... 15 毫升	沙拉油 ...... 適量
薑 .... 20 克	鹽 .... 適量	香油 .... 適量
料理米酒 .. 25 毫升		

作法

1　剪去河蝦的鬚腳，洗淨後瀝乾水分；香蔥挑洗乾淨，切碎花；薑切末。

2　熱鍋，倒入沙拉油燒至 180 度左右時，投入河蝦略炸撈出；待油溫升到 200 度左右時，再把河蝦複炸一次，倒出瀝乾油分。

3　鍋留適量底油，爆香蔥花和薑末，倒入河蝦，烹料理米酒，加高湯、鹽、白糖，待翻炒至汁將乾時，順鍋邊淋入醋和香油，快速翻勻裝盤即可。

苔菜拖黃魚

🍅 **特色**

　　這道菜是將黃魚肉條裹上苔菜（又名滸苔）糊，經油炸而成。其色澤墨綠、外皮酥脆、內裡軟嫩、味道鹹鮮。

材料

鮮黃魚 1 條 ......約 500 克	料理米酒 .. 10 毫升	胡椒粉 .... 1 克
苔菜末 .... 5 克	蔥花 .... 10 克	五香粉 ....少許
麵粉 .... 100 克	蔥薑汁 ..... 5 毫升	香油 ....適量
發酵粉 .... 4 克	鹽 .... 5 克	沙拉油 ......適量

作法

1. 將黃魚清洗乾淨，取淨肉切成 5 公分長、1.5 公分粗的條狀，放入碗中，加料理米酒、鹽、蔥薑汁和胡椒粉拌勻，醃約 15 分鐘。

2. 麵粉放小盆內，加入發酵粉拌勻，倒入 100 毫升清水調勻成糊，放入苔菜末調勻，再放入魚肉條拌勻，使魚肉條均勻裹上一層糊。

3. 熱鍋，倒入沙拉油燒至 180 度左右時，逐條放入魚肉條炸至結殼發挺，撈出後用手撕去毛邊；待油溫升到 200 度左右時，投入魚肉條複炸至熟透且外皮酥脆，撈出瀝油，再將魚肉條回鍋，撒上蔥花、五香粉，淋香油，撥勻出鍋裝盤。

砂鍋魚頭豆腐

🍅 特色

　　砂鍋魚頭豆腐是杭州的一道歷久不衰的傳統名菜。以魚頭和豆腐為主料，搭配香菇和嫩筍燉製而成。其湯汁奶白、潤滑鮮嫩、清香四溢。

材料

大頭鰱魚頭 ... 1 個	香蔥 .... 5 克	鹽 .... 5 克
嫩豆腐 ..... 250 克	薑 .... 5 克	香油 ...... 3 毫升
泡發香菇 .... 25 克	料理米酒 .. 15 毫升	沙拉油 .... 50 毫升
嫩筍 .... 25 克		

作法

1. 鰱魚頭洗淨，從下巴一切為二，在挨著魚頭的魚肉處劃兩刀；嫩豆腐切骨牌片；泡發香菇去蒂；嫩筍切成薄片；香蔥洗淨，切碎花；薑切片。

2. 鍋內添水煮滾，放入豆腐片汆燙透，撈出瀝水；再把魚頭放入鍋中也燙一下，撈出用清水洗淨，擦乾水分。

3. 熱鍋燒乾，倒入沙拉油燒至 200 度左右，放入鰱魚頭和薑片煎香，烹料理米酒，加蓋燜一會，摻適量開水，放入香菇和嫩筍片，稍煮片刻後倒入砂鍋內，加入豆腐片，用小火燉至湯色濃白，調入鹽，撒蔥花，淋香油，隨鍋上桌食用。

明目魚米

🍅 特色

明目魚米是將草魚肉切小丁之後，裹漿過油，搭配青豆、枸杞子和菊花茶滑炒而成的一道杭州養生名菜。看起來賞心悅目，吃起來滑嫩鮮香，有滋補肝腎、養血明目之功。此菜經杭州廚師不斷改進，被評為杭城藥膳第一名菜。

材料

草魚肉 ..... 200 克	太白粉 ...... 15 克	太白粉水 .. 10 毫升
青豆 .... 20 克	料理米酒 .. 10 毫升	蔥花 .... 適量
枸杞子 ...... 10 克	胡蘿蔔丁 .....少許	薑末 .... 適量
乾菊花 .... 5 克	鹽 .... 5 克	香油 .... 適量
蛋清 .... 1 個	白糖 .... 3 克	沙拉油 ....適量

作法

1 把草魚肉切成青豆大小的小丁，放入碗中，加料理米酒、3 克鹽、蛋清和太白粉拌勻裹漿；青豆汆燙；枸杞子、乾菊花分別用 50 毫升開水沖泡，待用。

2 取泡菊花和枸杞子的水入碗，加入 2 克鹽、白糖和太白粉水調勻成醬汁，待用。

3 熱鍋加熱，倒入沙拉油燒至 150 度左右時，分散放入魚肉丁滑散，倒在漏勺內瀝去油分；鍋留底油複上爐火，炸香蔥花和薑末，加入青豆和胡蘿蔔丁略炒，倒入魚丁、枸杞子和調好的醬汁，快速翻炒均勻，淋香油，出鍋裝盤即可。

宋嫂魚羹

🍎 **特色**

　　宋嫂魚羹又叫「宋五嫂魚羹」。它是將桂魚肉切絲裹漿，搭配香菇絲、竹筍絲、火腿絲等燴製而成的一款湯品。魚絲滑嫩、湯鮮味美。因此菜味似蟹羹，故又叫「賽蟹羹」。

材料

桂花魚肉 ... 150 克	蔥白 .... 10 克	鹽 .... 5 克
泡發香菇 .... 25 克	蛋清 .... 1 個	太白粉水 .. 30 毫升
嫩竹筍 ...... 25 克	太白粉 ...... 10 克	高湯 ..... 750 毫升
火腿 .... 25 克	料理米酒 .. 10 毫升	沙拉油 .... 30 毫升
薑 .... 10 克		

作法

1　將桂花魚肉切成 0.3 公分粗的絲，用清水洗兩遍，擠乾水分，放入碗中，加料理米酒、2 克鹽、蛋清和太白粉拌勻裹漿；泡發香菇、嫩竹筍、火腿、薑、蔥白分別切成細絲。

2　熱鍋，加入適量清水煮滾，放入桂花魚肉絲汆燙熟，撈出瀝水；再放入香菇絲和竹筍絲汆燙透，撈出瀝水。

3　熱鍋，倒入沙拉油燒熱，放入 5 克薑絲和 5 克蔥白絲炸香，放入香菇絲和竹筍絲炒透，加入高湯煮熟，加入剩餘的鹽調味，勾太白粉水，放入汆好的桂魚肉絲，推勻盛入湯盤內，撒上火腿絲和剩餘蔥薑絲拌勻即可（可以再撒些蔥花點綴）。

雪菜大湯黃魚

🍎 特色

　　黃魚古稱石首魚，產於東南沿海地區，是海魚中的上品。用黃魚搭配醃雪菜燉製而成的雪菜大湯黃魚，在清代已是浙江地區的特色名菜，具有魚肉鮮嫩、鮮鹹適口的特點。

材料

大黃魚 .... 1 條	薑 .... 5 克	鹽（或醬油）.. 適量
醃雪菜 ...... 75 克	香蔥 .... 2 棵	融化的豬油 ... 適量
冬筍 .... 50 克	料理米酒 .. 15 毫升	高湯 .... 適量

作法

1　將大黃魚清洗乾淨，在兩面切上一字刀口；醃雪菜切末；冬筍切片，汆燙；薑洗淨，切末；香蔥挑洗乾淨，打成結。

2　湯鍋放爐火上，加入適量清水煮沸，放入大黃魚燙一下，撈入冷水盆裡洗去表面黑膜，瀝乾水分。

3　熱鍋加熱，倒入融化的豬油燒至 200 度左右時，將黃魚下鍋稍煎，烹料理米酒，放薑末、高湯、冬筍片、蔥結和醃雪菜末，加蓋燜燒至湯濃魚熟，揀出蔥結和薑片，調入鹽（或醬油），盛入湯盤內上桌食用（可以撒些蔥花點綴）。

蓑衣蝦球

🍅 特色

　　蓑衣蝦球因其似球不是球、蛋絲似蓑衣而得名。它是浙江紹興的一款傳統歷史名菜，故又名紹式蝦球。此菜是將蛋液與蝦仁結合在一起，經油炸而成。色澤金黃、酥脆鹹鮮、蛋絲蓬鬆，味道極佳。

材料

蝦仁 .... 75 克	蔥片 .... 5 克	鹽 .... 3 克
雞蛋 .... 3 個	薑片 .... 5 克	蔥花 .... 少許
太白粉水 .. 25 毫升	料理米酒 ... 5 毫升	沙拉油 ...... 適量

作法

1　將蝦仁挑去蝦線，洗去雜物，用廚房紙巾包起壓乾水分，放入碗中，加蔥片、薑片、料理米酒、2 克鹽拌勻，醃漬約 10 分鐘。

2　把雞蛋打入碗內，加入太白粉水和剩餘的鹽，用筷子打散，然後把醃好的蝦仁倒入蛋液中，拌勻待用。

3　熱鍋，倒入沙拉油燒至 180 度左右時，一邊慢慢將蛋液蝦仁均勻淋入油鍋內，一邊用筷子在油鍋中將其劃散。待起絲並炸至金黃酥脆時，倒入漏勺內瀝淨油分，最後用筷子撥鬆成絲狀，裝盤成塔尖形，點綴上蔥花即可。

荔枝水晶蝦

🍅 特色

　　夏天盛產的荔枝，也能變身料理。這道荔枝水晶蝦是以河蝦仁和荔枝為原料，採用溜炒的方法烹製而成。不但開胃而且很容易消化，是一道消暑的菜餚。

材料

鮮河蝦	500 克	食用鹼	少許	高湯	適量
荔枝	200 克	鹽	適量	沙拉油	適量
太白粉	15 克	白糖	適量	蔥花	適量
玫瑰露酒	15 毫升	太白粉水	適量		

作法

1　鮮河蝦去頭尾、剝殼，取蝦仁，去掉蝦線，洗淨擠乾水分，加食用鹼抓勻醃幾分，用清水沖掉鹼味，擠乾水分，加鹽和太白粉抓勻；荔枝去核，對切兩半。

2　鍋內添水煮滾，倒入荔枝汆燙一下，撈出瀝水；再把蝦仁放入水鍋裡汆熟，撈起來瀝乾水分。

3　炒鍋洗淨放爐火上，放沙拉油燒至 180 度左右，加入高湯，調入鹽、白糖和玫瑰露酒，大火煮滾，用太白粉水勾芡，倒入蝦仁和荔枝，翻勻裝盤，用蔥花點綴即可。

芙蓉魚片

🍅 特色

　　芙蓉魚片中的芙蓉是古代對荷花的別稱。此菜是將調味的魚肉泥做成荷花瓣狀，經滑油後搭配青、紅椒片炒製而成，具有潔白滑嫩、味道鹹鮮、形如芙蓉花瓣的特點。

材料

魚肉	200 克	蛋清	4 個	雞湯	適量
肥豬肉	50 克	鹽	5 克	香油	適量
蔥薑汁	50 毫升	胡椒粉	2 克	沙拉油	適量
青、紅椒片	50 克	太白粉水	30 毫升		

作法

1　將魚肉和肥豬肉切成小丁，合在一起剁成細泥，放入盆中，加鹽和蔥薑汁順一個方向攪拌，再加入蛋清攪拌至有黏性成糊狀，最後加入 20 毫升太白粉水攪拌均勻。

2　熱鍋，倒入沙拉油燒至 60 度左右時，用羹匙依次舀入魚糊成片狀，待浮起至熟，倒出瀝油；鍋內加水煮滾，放入青、紅椒片和魚肉片過水，撈出瀝去水分。

3　鍋內放雞湯，加鹽和胡椒粉調味，勾入 10 毫升太白粉水，淋香油，倒入魚肉片和青、紅椒片，翻勻裝盤即可。

生爆鱔片

🍅 特色

生爆鱔片它是將改刀的鱔魚肉裏麵糊之後，經油炸脆，再與芡汁溜製而成。色澤黃亮、外脆裡嫩、鹹鮮酸甜、清香四溢。

材料

鱔魚肉 ..... 250 克	蒜末 .... 10 克	高湯 ...... 75 毫升
麵粉 .... 30 克	白糖 .... 25 克	香油 .... 適量
太白粉 ...... 30 克	醋 .... 15 毫升	沙拉油 ...... 適量
醬油 ...... 25 毫升	鹽 .... 3 克	青、紅椒片 .. 50 克
料理米酒 .. 15 毫升	太白粉水 .. 15 毫升	

作法

1 將鱔魚肉切成長方形片，放入碗中，加入 10 毫升料理米酒和 2 克鹽拌勻，醃 5 分鐘，再加入麵粉、太白粉和適量清水，用手輕輕抓勻，使其均勻裹上一層薄糊。

2 取一個小碗，加入高湯、蒜末、醬油、5 毫升料理米酒、白糖、醋、1 克鹽和太白粉水調勻成芡汁，待用。

3 熱鍋，倒入沙拉油燒至 180 度左右時，放入鱔魚片炸至發挺，撈出；待油溫升到 200 度左右時，放入鱔魚片複炸至酥脆，倒出瀝乾油分。鍋留適量底油燒熱，倒入碗中芡汁，炒至濃稠，淋香油，倒入鱔魚片和青、紅椒片，翻勻裝盤即可。

五味煎蟹

🍅 特色

五味煎蟹是採用梭子蟹為主料，經切塊、油煎後，施以多種調味料烹製而成。色澤紅亮、蟹肉鮮嫩、鹹甜酸辣香五味俱全。

🍲 料理小知識

番茄沙司（sauce）是指煮好的醬汁，以番茄為基底，加了其他蔬菜、鹽等材料，常帶有固體，用在義大利麵等食物；番茄醬（ketchup）則是加了醋、糖、鹽、香料，通常是很一致的黏稠液體，常用來沾薯條。

材料

梭子蟹 ...... 2 隻	豆瓣醬 ...... 25 克	鹽 .... 適量
熟青豆 ...... 25 克	白糖 .... 20 克	高湯 .... 適量
麵粉 .... 15 克	番茄沙司 .... 15 克	辣椒油 ...... 適量
蒜頭 .... 3 瓣	油咖喱 ...... 15 克	沙拉油 ...... 適量
蔥白 .... 10 克	料理米酒 .. 15 毫升	香油 .... 適量
薑 .... 5 克	米醋 ...... 15 毫升	

作法

1 將梭子蟹的蓋撬開，去鰓洗淨，剁下大鉗，斬去腳尖，再將每隻梭子蟹切為 8 塊，在刀切面均勻沾上麵粉；蔥白、蒜頭、薑分別切末；豆瓣醬剁碎。

2 取一個小碗，放入高湯、剁碎的豆瓣醬、油咖喱、番茄沙司、米醋、料理米酒、鹽和白糖調成五味醬，待用。

3 熱鍋加熱，倒入沙拉油燒至 150 度左右，加入蟹塊煎至七分熟時，投入蔥白末、薑末和蒜末同煎片刻，改用大火，下青豆及調好的五味醬，翻炒至蟹塊包勻醬汁，淋香油和辣椒油，炒勻裝盤即可（蟹蓋可在盤中裝飾）。

PART 4

湘菜，刀工精妙，
無辣不「湘」

湘菜，即湖南風味菜。湖南自古享有「魚米之鄉」的美譽，物產豐富、地靈人傑，奠定了湘菜得天獨厚的地理優勢。

▌湘菜流派　湘菜由湘江流域、洞庭湖區和湘西山區三個地區的流派組成。

湘江流域以長沙、衡陽、湘潭為中心，以煨菜和臘菜著稱。如「海參盆蒸」、「臘味合蒸」等。

洞庭湖區以烹製河鮮和禽畜見長，以燉、燒菜出名。代表菜有「蝴蝶飄海」、「冰糖湘蓮」等。

湘西山區擅作山珍野味（依法可食用的）、煙燻臘肉，口味側重於鹹香酸辣。如「板栗燒菜心」、「炒血鴨」等。

▌湘菜特色　刀工精妙，形神兼備，有細如銀絲的「髮絲百葉」，形態逼真的「開屏桂魚」；調味多變，以酸辣著稱，如久負盛名的「東安仔雞」，紅遍大江南北的「剁椒魚頭」；技法多樣，尤重煨烤，如牛中三傑之一的「紅煨牛肉」等。

油炸臭豆腐

🍅 菜餚故事

據有關資料記載，1958 年 4 月，毛澤東主席視察湖南時，問身邊的工作人員：「火宮殿餐廳還在不在？幾十年沒吃宮殿的臭豆腐了，還是在湖南第一師範學校讀書的時候，常到那裡去吃風味小吃。」4 月 12 日，毛澤東主席在工作人員的陪同下視察火宮殿，品嘗了風味小吃臭豆腐後，高興的説：「長沙火宮殿臭豆腐聞起來臭，吃起來香」，在隨行人員的請求下，毛澤東欣然提筆寫下了這句話。從此火宮殿聲名鵲起，臭豆腐即成為湘菜界的招牌。

🍅 特色

湖南的臭豆腐源自北京，引入長沙之後，「火宮殿」根據當地人的口味進行了改進，使做出的臭豆腐「遠臭近香」。而湘菜裡的經典菜餚油炸臭豆腐，就是將臭豆腐油炸後蘸上辣醬食用的。外酥內嫩、香辣味美。

材料

| 臭豆腐 ...... 12 塊 | 辣醬 .... 50 克 | 雞湯 ..... 100 毫升 |
| 醬油 ...... 50 毫升 | 香油 ...... 25 毫升 | 蔥花 .... 適量 |

作法

1　將醬油倒入小碗內，依次加入辣醬、香油和雞湯調勻成蘸汁，待用。

2　熱鍋，倒入沙拉油燒至 200 度左右時，放入臭豆腐塊炸透至表面酥脆，撈出來瀝乾油分，裝在盤中，淋上蘸汁，撒上蔥花食用。

芙蓉鯽魚

🍎 特色

芙蓉鯽魚是以蛋清和鯽魚為主料蒸製而成的，具有潔白似芙蓉、滑嫩柔軟、味鮮清香的特點。《中國烹飪百科全書》中說：「湖南名菜『芙蓉鯽魚』因形如芙蓉而得名。」

材料

鯽魚 2 條 ..約 600 克	薑 .... 5 克	胡椒粉 .... 1 克
蛋清 .... 5 個	料理米酒 .. 30 毫升	清雞湯 ... 240 毫升
熟火腿 .... 15 克	鹽 .... 5 克	香油 .... 5 毫升
大蔥 .... 10 克		

作法

1. 鯽魚宰殺洗淨，擦乾水分，切下鯽魚的頭和尾；熟火腿切成粒；大蔥取 5 克切段，剩餘切碎花；薑洗淨，切片。

2. 鯽魚頭、尾和魚身一起裝入盤中，加料理米酒、蔥段和薑片，上蒸籠蒸 10 分鐘取出，鯽魚頭、尾和原湯留用，用小刀剔下魚身中段上的肉。

3. 將蛋清打散後，放入碎魚肉、清雞湯、蒸魚原湯、鹽和胡椒粉攪勻，倒入深邊長盤內，上蒸籠用小火蒸熟取出，擺上蒸熟的魚頭和魚尾，撒上火腿粒和蔥花，淋香油即可。

青椒炒松菌

　　湖南大部分地區屬於丘陵地，林木繁茂、土地肥沃。每年 9 月，各地皆產松菌（松茸），其中以南嶽衡山產者最佳，菌肉滑嫩、味極鮮美。據湘菜特級大師石蔭祥回憶說，毛澤東每次回到湖南，都會吃由他掌勺烹製的一份「青椒炒鮮菌」。這道菜就是用青椒搭配松菌烹製而成的，具有菌香四溢、鹹鮮微辣、美味下飯的特點。

材料

松菌 ⋯⋯⋯ 250 克	乾辣椒 ⋯⋯⋯ 10 克	白糖 ⋯⋯⋯⋯ 3 克
豆干 ⋯⋯⋯ 100 克	蒜頭 ⋯⋯⋯⋯ 5 瓣	融化的豬油 15 毫升
青辣椒 ⋯⋯⋯ 30 克	鹽 ⋯⋯⋯⋯⋯ 3 克	沙拉油 ⋯⋯ 30 毫升
紅辣椒 ⋯⋯⋯ 30 克		

作法

1　松菌挑洗乾淨，瀝乾水分，用手撕成合適的粗條；豆干斜刀切成長條；青、紅辣椒洗淨，去瓤，切成筷子粗的條；乾辣椒切短節；蒜頭拍裂，切末。

2　熱鍋，加入適量清水煮滾後，放入松菌條汆燙 1 分鐘，撈出用清水漂洗兩遍，瀝乾水分。

3　熱鍋，倒入融化的豬油和沙拉油燒熱，放入蒜末炒香，續下乾辣椒節炒脆，放入豆干條炒透，投入松菌條略炒，再放入青、紅辣椒條，邊炒邊調入鹽和白糖，炒勻入味，裝盤上桌。

左宗棠雞

🍅 菜餚故事

湖南名菜「左宗棠雞」，是以湖南名將左宗棠的名字命名的。關於其由來，據說發明人是彭園餐廳的老闆彭長貴。某日，時任行政院長的蔣經國辦公到深夜，帶隨從到彭園餐廳用餐。當時高檔食材都已用盡，只剩雞腿，彭長貴便用雞腿搭配各種調味料，做成一道新菜餚。蔣經國食後甚感美味，詢問菜名，彭長貴隨機反應，借用左宗棠之名為這道菜命名，於是此菜就稱「左宗棠雞」，並成為彭園餐廳的招牌菜。

後來彭長貴前往美國開了一家彭園餐廳，前美國國務卿季辛吉（Henry Kissinger）到彭園餐廳用餐，吃了「左宗棠雞」這道菜，也讚不絕口。加上 ABC 電視臺報導此菜的特別節目，使此菜聲名大噪。

🍅 特色

在美國和很多其他國家，左宗棠雞是一道最受歡迎的中國菜。它是將雞腿去骨切成小塊，經裹麵糊、油炸之後，與辣椒、醬油、醋等調味料拌炒而成的，具有色澤紅亮、外焦內嫩、酸甜香辣的特點。

材料

雞腿肉 ..... 200 克	蔥白 .... 5 克	番茄沙司 .... 15 克
青辣椒 ...... 30 克	薑 .... 5 克	鹽 .... 5 克
紅辣椒 ...... 30 克	蒜頭 .... 2 瓣	太白粉水 .. 30 毫升
雞蛋 .... 1 個	白糖 .... 45 克	高湯 ..... 100 毫升
玉米粉 ...... 50 克	醋 .... 30 毫升	沙拉油 ...... 適量
乾辣椒 ...... 10 克	醬油 ...... 15 毫升	

作法

1. 將雞腿肉切成三角塊，放入碗中並加 3 克鹽、雞蛋和玉米粉，用手抓拌均勻；青、紅辣椒洗淨去蒂，切三角塊；乾辣椒切短節；蔥白、薑、蒜頭分別切片。

2. 熱鍋，倒入沙拉油燒至 180 度左右時，分散放入雞塊炸熟撈出；待油溫升高，再放入雞塊複炸成金黃色，撈出瀝乾油分。

3. 原鍋隨適量底油複上爐火，放入蔥片、薑片和蒜片炸香，再放入乾辣椒節炸焦，摻高湯，加入番茄沙司、白糖、醋、醬油和剩餘鹽，煮沸後勾太白粉水，加入 25 克熱油炒勻，倒入炸好的雞塊和青、紅辣椒塊，翻勻裝盤即可。

冰糖湘蓮

🍅 **特色**

　　湘蓮出產於湖南湘潭地區，它色白、味香、肉嫩，與建蓮並列中國蓮子之首。以湘蓮入饌，在明、清以前就比較盛行。其中，用湘蓮搭配冰糖煮製而成的冰糖湘蓮，就是湘菜裡一道膾炙人口的名餚，具有色澤鮮豔、香甜潤滑、果味濃郁的特點。

材料

湘蓮 .... 150 克	青豆 .... 10 克	太白粉水 ..... 適量
桂圓肉 ...... 25 克	櫻桃 .... 10 克	食用鹼 .... 少許
鳳梨肉 ...... 25 克	冰糖 .... 100 克	

作法

1　鍋內添適量清水煮滾，放入食用鹼攪勻，倒入湘蓮，用刷子反覆輕搓去皮後，撈出，用清水反覆漂淨鹼液。

2　把湘蓮放入碗內，加入開水，上蒸籠蒸至酥軟，取出瀝去水分；桂圓肉、鳳梨肉分別切成小丁；青豆、櫻桃分別汆燙。

3　湯鍋放爐火上，加入適量清水煮滾，放入冰糖煮化，加入湘蓮、桂圓肉丁、鳳梨肉丁、青豆和櫻桃，煮軟後用太白粉水勾芡，待煮沸後撇淨浮沫，盛在湯碗內即可。

油辣冬筍尖

🍎 特色

油辣冬筍尖是一道以冬筍為主料的湘西代表菜，它是採用紅燒的方法加上辣椒等調味料烹製而成的。色澤紅亮、質地爽脆、味道香辣。

材料

冬筍尖 ..... 300 克	蔥白 .... 2 克	辣椒油 .... 25 毫升
紅小米辣椒 .. 30 克	醬油 ...... 10 毫升	香油 ...... 10 毫升
薑 .... 5 克	鹽 .... 3 克	高湯 ..... 100 毫升
蒜頭 .... 5 瓣	雞粉 .... 1 克	沙拉油 .... 適量

作法

1 冬筍尖用刀面稍拍，切成不規則的滾刀塊；紅小米辣椒洗淨去蒂，切魚眼圈；薑切指甲大小的片；蒜頭切片；蔥白切碎花。

2 湯鍋放爐火上，加入適量清水煮沸，放入冬筍塊汆燙透，撈出瀝乾水分。

3 熱鍋，倒入沙拉油燒至 200 度左右時，放入冬筍塊稍炸至表面焦黃，倒出瀝乾油分。鍋留適量底油複上爐火，下薑片、蒜片、蔥花、紅小米辣椒圈炒香，放入冬筍塊炒透，倒入高湯，加醬油、鹽、雞粉和辣椒油炒約 1 分鐘，淋香油，炒勻裝盤。

板栗燒菜心

🍅 特色

湖南湘西所出產的油板栗（別名栗子），有「中國甘栗」之美稱。而板栗燒菜心就是以板栗肉和菜心燒製而成的一道製作簡單且富有特色的湘菜，具有黃綠相間、鹹甜適口、明油亮芡的特點。

材料

白菜心	300 克	鹽	適量
板栗	200 克	胡椒粉	適量
香蔥	5 克	太白粉水	適量
蒜頭	2 瓣	香油	適量

沙拉油	適量
香腸	適量

作法

1 將板栗去殼取肉，洗淨，切成約 0.7 公分的厚片；白菜心洗淨，切成長條；香蔥切碎花；蒜頭切片；香腸切小丁。

2 炒鍋內放入沙拉油燒至 180 度左右，放入板栗片炸 2 分鐘至呈金黃色時，倒入漏勺瀝去油分，盛入小瓦缽內，加鹽拌勻，上蒸籠蒸 10 分鐘，取出備用。

3 炒鍋置大火上，放入沙拉油燒至 200 度左右時，爆香蒜片和蔥花，放入白菜心條，加鹽煸炒一會，加高湯、香腸丁和板栗片，調入胡椒粉，待燒入味，用太白粉水勾芡，淋香油，翻勻裝盤即可。

乾鍋茶樹菇

🍎 **特色**

　　乾鍋茶樹菇是湖南的一道經典家常名菜，它是以茶樹菇（柳松菇）為主料，搭配湖南特產的臘肉和辣椒等多種食材炒製而成。臘肉的香味和菌菇的香味完美的融合，鮮香濃郁、酸辣適口，是一道好吃、上桌率極高的下飯菜。

材料

鮮茶樹菇 ... 500 克	薑 .... 10 克	雞粉 .... 適量
湖南臘肉 ... 100 克	香菜 .... 5 克	高湯 .... 適量
紅辣椒 .... 1 個	辣椒醬 ...... 25 克	香油 .... 適量
紅小米辣椒 .. 30 克	醬油 .... 適量	紅辣椒油 .... 適量
青蒜 .... 30 克	白糖 .... 適量	沙拉油 .... 適量
蒜頭 .... 8 瓣	鹽 .... 適量	熟白芝麻 ..... 適量

作法

1　鮮茶樹菇洗淨，瀝乾水分，掐成 5 公分長段；湖南臘肉蒸軟，切成大薄片；紅辣椒洗淨去蒂，切條；紅小米辣椒去蒂，切魚眼圈；青蒜挑洗乾淨，斜刀切段；蒜頭去皮，切片；薑切指甲大小的片。

2　熱鍋，倒入沙拉油燒至 180 度左右時，放入蒜片炸黃撈出，投入茶樹菇炸乾水氣，倒入漏勺內瀝乾油分。

3　鍋留適量底油複上爐火，先下臘肉片煸炒至出油，再下薑片、紅小米辣椒圈和紅辣椒條炒香，倒入茶樹菇並加辣椒醬和蒜片，炒勻後加醬油和高湯，調入白糖、鹽和雞粉炒勻，加入青蒜段和紅辣椒油炒勻，淋香油，裝入乾鍋內，撒上熟白芝麻，即可上桌。

剁椒魚頭

🍅 菜餚故事

據說，這道菜和清代著名文人黃宗憲有關。清朝雍正年間，黃宗憲為了躲避文字獄，逃到湖南的一個小村子裡，借住在農夫家。這家農戶的兒子在晚飯前撈了一條河魚回家。於是，女主人就用魚肉煮湯，再將辣椒剁碎後與魚頭同蒸。黃宗憲覺得非常鮮美，從此對魚頭情有獨鍾。避難結束後，他請家裡的廚師加以改良，就成了今天的湖南名菜剁椒魚頭。

🍅 特色

油亮火辣的紅剁椒，覆蓋著白嫩嫩的魚頭肉，冒著熱騰騰的香氣。這就是紅遍大江南北的湖南名菜「剁椒魚頭」。它是以花鰱魚頭為主料，經過醃製之後，搭配紅剁椒蒸製而成。菜餚上桌後，用筷子夾一塊魚肉送入口中，香嫩軟滑，鮮辣味美，讓人久念不忘。

材料

花鰱魚頭 1 個 ... 約 1 公斤	薑末 .... 15 克	鹽 .... 3 克
紅剁椒 ....100 克	蒜末 .... 15 克	沙拉油 .... 50 毫升
啤酒 ....50 毫升	香蔥花 ...... 10 克	

作法

1 將花鰱魚頭的鰓摳去，把魚頭下面魚肉較厚部分的魚鱗刮淨，撕去裡面的黑膜，用清水仔細沖洗乾淨，擦乾水分。

2 將花鰱魚頭用刀從魚嘴剖開成根部相連的兩半，在表面及內裡抹勻啤酒、鹽、薑末和蒜末，醃約 10 分鐘。

3 把醃好的花鰱魚頭放在盤中，蓋上紅剁椒，淋上沙拉油，上蒸籠用大火蒸約 15 分鐘至剛熟，取出，撒上香蔥花即可。

毛氏紅燒肉

🍅 **特色**

　　毛氏紅燒肉是一道色香味俱全的聞名中國湖南的傳統名餚。它以五花肉為主料，加上糖色、辣椒等多種調味料燒製而成。成菜色澤紅亮、肉香味濃、鹹中有辣、甜而不膩，深得人們的青睞。

材料

帶皮豬五花肉 .. 600 克	八角 .... 2 個	糖色 .... 適量
乾辣椒 .... 15 克	桂皮 .... 1 小塊	鹽 .... 適量
薑 .... 15 克	月桂葉 ...... 2 片	料理米酒 .... 適量
大蔥 .... 10 克	白糖 .... 適量	沙拉油 ...... 適量
蒜頭 .... 3 瓣		

作法

1　帶皮豬五花肉刮洗乾淨，切成 3.5 公分見方的塊；乾辣椒洗淨，去蒂；薑切片；大蔥切段；蒜頭拍裂；八角、桂皮和月桂葉用溫水洗淨。

2　熱鍋加熱，倒入沙拉油燒至 180 度左右時，放入五花肉塊煸炒至出油且表面呈焦黃色時，潷出油分，加入蔥段、薑片、八角、桂皮、月桂葉和乾辣椒續炒出香，烹料理米酒，再加糖色炒勻上色。

3　倒入適量開水，蓋上蓋子，用小火燜 45 分鐘，加入鹽、白糖和蒜頭，續燜至肉塊軟爛，再轉大火收汁，出鍋裝盤即可（裝盤時，為了美觀，可用燙熟的小油菜鋪在底部）。

湖南小炒肉

🍅 **特色**

　　湖南小炒肉是以豬五花肉搭配美人椒、辣椒醬等烹製而成。香辣爽口、肉質鮮嫩、肉香濃郁，用來佐酒下飯都是很誘人的。

材料

豬五花肉 ... 200 克	蒜頭 .... 適量	料理米酒 ..... 適量
美人椒 ...... 50 克	線椒 .... 50 克	醬油 .... 適量
辣椒醬 ...... 30 克	鹽 .... 適量	沙拉油 ...... 適量
香蔥 .... 25 克	雞粉 .... 適量	熟白芝麻 .... 適量
薑 .... 適量		

作法

1　豬五花肉切成稍厚的大片；線椒、美人椒洗淨去蒂，斜刀切荸薺段；香蔥切短節；薑、蒜頭分別切片。

2　熱鍋加熱，放入沙拉油和五花肉片，煸炒至出油後，放入薑片、蒜片和香蔥節續煸出香味。

3　加入辣椒醬、醬油、鹽和雞粉，邊炒邊加入美人椒段、線椒段和料理米酒，直至炒勻入味，出鍋裝盤，撒上熟白芝麻即可。

臘味合蒸

🍅 特色

　　臘味合蒸集臘豬肉、臘雞肉、臘豬舌、臘雞胗等原料納於一缽，加入雞湯和調味料，上蒸籠蒸製而成。將四種臘味一同蒸熟即為臘味合蒸，吃起來臘味濃郁、質地酥軟、味道奇香。

材料

臘雞肉 . . . . . 200 克	豆豉 . . . . 30 克	料理米酒 . . 10 毫升
臘豬肉 . . . . . 200 克	乾紅辣椒 . . . . . 2 個	白糖 . . . . 少許
臘豬舌 . . . . . 100 克	香蔥 . . . . 5 克	高湯 . . . . 適量
臘雞胗 . . . . . 100 克	薑 . . . . 5 克	沙拉油 . . . . 適量

作法

1　將臘雞肉、臘豬肉、臘豬舌、臘雞胗分別用溫水洗乾淨，上蒸籠蒸熟，取出晾涼。再把臘雞肉剁成 5 公分長、2 公分寬的骨排塊；臘豬肉切成長 5 公分、厚 0.3 公分的片；臘豬舌、臘雞胗分別切成片；豆豉剁碎；乾紅辣椒切末；香蔥切碎花；薑切末。

2　炒鍋放爐火上，放入沙拉油燒至 180 度左右，下蔥花、薑末、乾紅辣椒末和豆豉碎炒香，加高湯煮滾，倒入料理米酒、白糖，離火待用。

3　將改刀的四種臘味整齊的間隔排在碗內，倒入炒鍋中調好味的湯汁，隨即上蒸籠用大火蒸 1 小時左右，取出翻扣在盤中即可。

焦炸肥腸

🍎 特色

　　焦炸肥腸製作講究，它是先把肥腸燒入味，再裹糊油炸而成，具有製法簡單、色澤金黃、酥脆鹹香的特點。

材料

熟肥腸 ..... 200 克	蔥段 .... 適量	大骨湯 ...... 適量
雞蛋 .... 2 個	薑片 .... 適量	沙拉油 .... 適量
麵粉 .... 25 克	鹽 .... 適量	花椒鹽 ..... 1 小碟
太白粉 ...... 25 克	醬油 .... 適量	番茄沙司 ... 1 小碟
料理米酒 .. 10 毫升		

作法

1　將熟肥腸剖開，剔去肥油，切成大片，放入滾水鍋裡汆燙透，撈出瀝乾水分；麵粉和太白粉入碗，打入雞蛋，加入鹽和適量清水調成糊狀。

2　鍋內放沙拉油燒熱，下蔥段和薑片煸香，倒入肥腸片炒透，加大骨湯，調入鹽、料理米酒和醬油煮滾，盛入砂鍋裡，用小火煨入味，撈出瀝汁。

3　熱鍋，倒入沙拉油燒至 180 度左右時，把肥腸片裹勻蛋糊，放入油鍋中炸至金黃酥脆，撈出瀝油裝盤，隨花椒鹽、番茄沙司碟上桌佐食。

小炒黑山羊

🍅 **特色**

　　小炒黑山羊是以黑山羊肉為主要原料，經切片、滑油後，搭配香菜、紅小米辣椒、泡野山椒等炒製而成。羊肉滑嫩、鹹鮮香辣，讓人不由得胃口大開。

材料

黑山羊肉 ... 200 克	薑 .... 15 克	鹽 .... 適量
蛋清 .... 1 個	蒜頭 .... 4 瓣	胡椒粉 ...... 適量
香菜 .... 50 克	太白粉 ...... 10 克	香油 .... 適量
紅小米辣椒 .. 50 克	醬油 .... 適量	沙拉油 ...... 適量
野山椒 ...... 50 克	料理米酒 ..... 適量	

作法

1　黑山羊肉去淨筋絡，切成薄片；香菜挑洗乾淨，切成小段；紅小米辣椒、野山椒去蒂，分別切圈；薑、蒜頭分別切成碎末。

2　羊肉片放入盆中，加醬油、料理米酒、鹽和胡椒粉拌勻，加入蛋清和太白粉拌勻裹漿，倒入 25 毫升沙拉油，待用。

3　熱鍋加熱，倒入沙拉油燒至 150 度左右時，分散放入羊肉片滑散至熟，倒出瀝乾油分；鍋留適量底油燒熱，投入紅小米辣椒圈、野山椒圈、薑末和蒜末炒香出色，加鹽和胡椒粉炒勻，倒入羊肉片和香菜段，快速翻炒均勻，淋香油，裝盤即可。

紅煨牛肉

🍎 **特色**

　　紅煨為湘菜烹飪技藝的上乘之
法，用此法烹製的紅煨牛肉是一道
很有名的傳統名菜。它是以黃牛肋
條肉為主料，經過小火煨製而成的
菜餚。肉質軟爛、味道香濃、辣香
可口。

材料

黃牛肋條肉 .. 500 克	料理米酒 .. 10 毫升	太白粉水 ..... 適量
大蔥 .... 15 克	醬油 .... 適量	雞湯 .... 適量
薑 .... 15 克	鹽 .... 適量	香油 .... 適量
青蒜 .... 10 克	胡椒粉 ...... 適量	沙拉油 ...... 適量

作法

1　將黃牛肋條肉切成兩大塊，用清水浸泡 2 小時，撈出放入清水鍋中煮至五分熟，
　　撈出晾涼，切成手指粗的條；大蔥切段，稍拍；薑切片，拍裂；青蒜去除根洗淨，
　　切粒。

2　熱鍋，倒入沙拉油燒至 180 度左右，投入蔥段和薑片煸出香味，放入牛肉條煸乾水
　　氣，加料理米酒、醬油和雞湯煮滾，撇淨浮沫，倒入砂鍋中，用小火煨爛後離火。

3　把牛肉條和湯汁倒入炒鍋中，加鹽和胡椒粉燒製入味，用大火收濃湯汁，勾入太白
　　粉水，淋香油，撒入青蒜粒，翻勻起鍋裝盤即可。

走油豆豉扣肉

🍅 **特色**

走油豆豉扣肉是以豬五花肉加上湖南特產「一品香」窩心豆豉烹製而成的一道湖南特色傳統名菜，以其色澤油亮、香而不膩、軟爛鮮美、豆豉味濃的特點受到人們的喜愛。

材料

帶皮豬五花肉500 克	鹽 .... 適量	八角 .... 適量
豆豉 .... 50 克	蔥段 .... 適量	沙拉油 .... 適量
甜酒 ...... 75 毫升	薑片 .... 適量	油菜 .... 少許
醬油 ...... 25 毫升	花椒 .... 適量	

作法

1 將五花肉皮上的殘毛汙物洗淨，加入放有蔥段、薑片、花椒、八角的水鍋中煮至八分熟撈出，擦乾水分，取 25 毫升甜酒，趁熱均勻的抹在豬皮表面，晾乾後放入燒至 200 度左右的油鍋中炸成棗紅色，撈出瀝油，用熱水泡至肉皮起皺紋，取出瀝乾水分；油菜洗淨，切成 4 瓣。

2 把五花肉皮朝下放在砧板上，用刀切成 10 公分長、0.5 公分厚的大片，將肉片皮朝下整齊排列在碗中，剩餘的邊角碎肉填充其間。

3 接著加入 50 毫升甜酒、鹽、醬油和豆豉，放上蔥段和薑片，上蒸籠蒸約 1 小時至軟爛，取出翻扣在盤中，可用汆燙過水的油菜裝飾邊盤。

口蘑湯泡肚

🍎 特色

口蘑湯泡肚以用料考究、做工精細、肚尖脆嫩、湯汁鮮美獨特而聞名。著名京劇大師梅蘭芳品嘗「口蘑湯泡肚」後，盛讚此菜，將其譽為色香味均屬上乘之餚饌。

🍲 料理小知識

口蘑是生長在蒙古草原上的一種白色傘菌屬野生蘑菇，由於蒙古口蘑土特產以前都通過河北省張家口市輸往中國內地，所以被稱為「口蘑」。

材料

豬肚尖 ..... 200 克	料理米酒 .. 10 毫升	胡椒粉 .... 3 克
泡發口蘑 ... 150 克	鹽 .... 5 克	清湯 ..... 500 毫升
豌豆苗 ...... 30 克		

作法

1 將豬肚尖洗淨，剔去油筋，外皮貼在砧板上，裡皮朝上，劃魚鰓形花刀，再斜刀切成 4 公分長、3 公分寬的片；泡發口蘑洗淨，去蒂，切成片；豌豆苗挑洗乾淨，瀝乾水分，待用。

2 熱鍋，倒入清湯煮滾，依次放入口蘑片、鹽和胡椒粉，再放入豌豆苗，起鍋盛入大湯碗內。

3 將肚尖片用料理米酒抓勻，放入滾水鍋裡汆至九分熟，撈出盛入盤中，與口蘑雞湯一併上桌，再將豬肚尖片倒入碗內，稍等 1 分鐘，即可食用。

湖南口味蝦

🍅 特色

湖南口味蝦又名「香辣小龍蝦」。它是以小龍蝦為主料，經油炸後燒製而成，具有色澤紅亮、口味香辣、質地滑嫩的特點，從 20 世紀末開始傳遍中國，成為夏夜街邊小吃攤的經典美味。

🍲 料理小知識

小龍蝦原名為「克氏原螯蝦」，產於美國東南部，又叫做美國螯蝦、路易斯安那州螯蝦。

材料

小龍蝦 ..... 750 克	薑 .... 10 克	生抽 ...... 25 毫升
乾辣椒 ...... 25 克	乾紫蘇葉 ..... 3 片	鹽 ....適量
豆豉辣醬 ... 25 克	月桂葉 .... 2 片	白糖 ....適量
青尖椒 ...... 25 支	草果 .... 2 個	辣椒油 ......適量
蒜頭 .... 15 克	八角 .... 2 顆	沙拉油 ....適量
大蔥 .... 10 克	料理米酒 .. 25 毫升	

作法

1　將小龍蝦用淡鹽水浸泡 1 小時，取出，去鰓，用刷子把腹部髒汙刷洗乾淨，瀝乾水分；乾辣椒去蒂，對切；青尖椒洗淨，切滾刀塊；蒜頭拍裂，去皮；大蔥切段；薑切片。

2　熱鍋，倒入沙拉油燒至 200 度左右時，放入小龍蝦炸至通身紅色，倒出瀝油。

3　鍋留適量底油燒熱，放入月桂葉、草果、八角、蔥段、薑片、蒜頭、青尖椒塊和乾紫蘇葉煸香，加入乾辣椒和豆豉辣醬炒香，倒入小龍蝦翻炒均勻，烹料理米酒，加入適量開水沒過小龍蝦，加入生抽、鹽和白糖調味，加蓋燒約 10 分鐘，淋入辣椒油，用大火收汁，出鍋裝盤即可（可以撒些蔥花點綴）。

髮絲百葉

🍎 特色

　　髮絲百葉又名髮絲牛百葉。
它是以牛百葉（毛肚）為主料、冬
筍作配料，再加上辣椒、白醋等調
味料烹製而成。色澤白淨、細如髮
絲、質地脆嫩，集酸辣鹹香於一體。

材料

泡發牛百葉 .. 300 克	蒜頭 .... 3 瓣	雞湯 ..... 100 毫升
冬筍 .... 100 克	白醋 ..... 30 毫升	香油 .... 適量
青、紅辣椒 ... 25 克	鹽 .... 5 克	沙拉油 ...... 適量
蔥白 .... 10 克	太白粉水 .. 10 毫升	

作法

1　泡發牛百葉捲成筒狀後入冰箱冷凍成形，取出切成極細的絲，用冷水化開；冬筍先
　　切成極薄的片，再切成細絲，汆燙後瀝乾水分；青、紅辣椒去瓤，同蔥白分別切成
　　絲；蒜頭拍裂，切末。

2　湯鍋放爐火上，加入清水煮滾，加 1 克鹽，放入冬筍絲汆燙透撈出，擠乾水分；鍋
　　內再放清水煮滾，加入適量白醋和 1 克鹽，投入牛百葉絲燙透，撈出擠乾水分；用
　　雞湯、3 克鹽、剩餘白醋、太白粉水和香油調成芡汁，備用。

3　熱鍋加熱，倒入沙拉油燒至 180 度左右時，下蒜末和蔥絲煸香，投入冬筍絲和青、
　　紅辣椒絲炒勻，加入牛百葉絲炒乾水氣，倒入調好的芡汁翻炒均勻，出鍋裝盤。

瀟湘豬手

🍅 **特色**

　　瀟湘豬手為湘菜裡特有的一道風味名菜，它是將豬手經過煮、燒、蒸等方法烹製而成。色澤紅亮、肉質軟糯、味道香辣、酸甜爽口。

🍲 **料理小知識**

　　豬的四肢前兩隻為豬手，後兩隻為豬腳。

材料

豬手 .... 2 隻	八角 .... 2 個	蒜頭 .... 2 瓣
湖南剁椒 .... 50 克	花椒 .... 10 粒	蔥花 .... 適量
醋 .... 30 毫升	月桂葉 .... 2 片	鹽 .... 適量
白糖 .... 15 克	桂皮 .... 2 小塊	醬油 .... 適量
乾辣椒 ..... 15 克	料理米酒 .. 15 毫升	辣椒油 ...... 適量
蔥段 .... 10 克	冰糖 .... 10 克	香油 .... 適量
薑片 .... 10 克	白胡椒粉 ..... 3 克	沙拉油 ...... 適量

作法

1　將豬手刮洗淨表面殘毛汙物，先用刀劈成兩半，再斬成小塊，投入到加有料理米酒、花椒、5 克蔥段、5 克薑片、1 片月桂葉、1 個八角和 1 小塊桂皮的水鍋中，煮沸後撇淨浮沫，煮約半小時撈出，用冷水泡一下，瀝去水分。

2　熱鍋加熱，倒入沙拉油燒至 180 度左右時，放冰糖炒成深黃色，投入豬手炒至表面微黃，放入蒜頭、5 克蔥段、5 克薑片、1 片月桂葉、1 個八角、1 小塊桂皮和乾辣椒炒出香味，加料理米酒和醬油翻炒上色，加入開水沒過豬手，調入鹽，以小火收至湯汁濃稠，離火。

3　把豬手塊盛到碗裡，加入白胡椒粉和湖南剁椒拌勻，淋上辣椒油，上蒸籠用大火蒸半小時至軟糯，取出扣在盤中，淋上用醋、白糖和香油熬好的酸甜汁，撒上蔥花即可。

新化三合湯

🍅 特色

　　新化三合湯是以牛肉、牛血、牛肚為主料，一起放入鍋內煮透入味，再加上山胡椒油和米醋調味而成的，具有湯色紅亮、牛肉細嫩、肚片脆爽、牛血滑軟、酸辣味濃的特點。

材料

熟牛血 ..... 500 克	香蔥 .... 5 克	八角粉 .... 2 克
熟牛肚 ..... 250 克	米醋 .... 30 毫升	山胡椒油 .. 10 毫升
黃牛肉 ..... 150 克	料理米酒 .. 10 毫升	融化的豬油 50 毫升
紅辣椒粉 .... 20 克	白胡椒粉 ..... 5 克	沙拉油 .... 50 毫升
薑 .... 5 克	鹽 .... 4 克	牛骨湯 ... 750 毫升
蒜頭 .... 2 瓣	雞粉 .... 3 克	

作法

1　黃牛肉頂著紋絡切成薄片；熟牛肚斜刀切片；熟牛血先切成厚片，再切成條；薑、蒜頭分別切末；香蔥挑洗乾淨，切成碎花。

2　湯鍋放爐火上，加入適量清水煮沸，分別放入牛肚片、牛血條汆燙透，再撈出瀝乾水分。

3　湯鍋洗淨重放爐火上，放入融化的豬油和沙拉油燒至 180 度左右時，下薑末和蒜末爆香，投入牛肉片煸炒變色，烹料理米酒，下紅辣椒粉和熟牛肚片煸炒一會，續下牛血條，倒入牛骨湯，加白胡椒粉、鹽、雞粉和八角粉調味，燒幾分鐘至入味，加米醋調好酸辣味，淋入山胡椒油，出鍋盛入湯盤內，撒上蔥花即可。

豆椒排骨

🍅 特色

豆椒排骨是常吃的家常菜之一，它是將排骨加上豆豉、辣椒等調味料醃製入味後，上蒸籠蒸製而成。排骨軟爛、豉椒味香，非常適合配飯吃。

材料

排骨 .... 600 克	薑 .... 10 克	鹽 .... 適量
小油菜心 ... 100 克	蒜頭 .... 3 瓣	太白粉水 .... 適量
豆豉 .... 50 克	辣椒粉 .... 5 克	香油 .... 適量
料理米酒 .. 15 毫升	醬油 .... 適量	辣椒油 ...... 適量
大蔥 .... 10 克		

作法

1　排骨順骨縫切開，剁成 3 公分長段，用清水漂洗兩遍，瀝乾水分；小油菜心洗淨，瀝去水分；大蔥切碎花；薑洗淨，切末；蒜頭拍裂，切末。

2　排骨段放入盆中，加入豆豉、料理米酒、蔥花、薑末、蒜末、辣椒粉和醬油拌勻醃 10 分鐘，再加入鹽、味精和太白粉水拌勻醃 5 分鐘，加入辣椒油拌勻。

3　把排骨段排在盤中，上蒸籠用大火蒸至熟爛，取出。與此同時，把小油菜心汆燙，用鹽和香油調味，裝飾在排骨周邊即可。

蝴蝶飄海

🍅 特色

　　此菜又名「蝴蝶過河」。它是先以魚頭、魚骨製成高湯倒入火鍋內，再將魚片放入沸滾的湯中燙熟撈起，蘸調味料食用的。菜品造型美觀，魚片滑嫩鮮美，現涮現吃，氣氛熱烈，極受人們歡迎。因切成的夾刀魚片投入湯鍋裡好像蝴蝶翩翩，故名。

材料

烏鱧 1 條 ...... 約 1 公斤	香蔥 .... 10 克	鹽 .... 適量
泡發香菇 .... 150 克	料理米酒 .. 15 毫升	胡椒粉 .... 適量
蛋清 .... 2 個	蒜泥 .... 適量	太白粉 .... 適量
小米辣椒 .... 30 克	剁辣椒 .... 適量	大骨湯 .... 適量
胡蘿蔔 .... 20 克	醋 .... 適量	融化的豬油 .. 50 毫升
青尖椒 .... 20 克	醬油 .... 適量	豌豆 .... 適量
薑 .... 10 克	香油 .... 適量	

作法

1　將烏鱧宰殺洗淨，取乾淨魚肉用刀切成薄夾刀片，加鹽、料理米酒、蛋清和太白粉拌勻裹漿，在大圓盤中排成蝴蝶形，用豌豆在邊緣裝飾；魚頭、魚尾和魚骨剁成塊；香菇去蒂，切片；胡蘿蔔切菱形片；青尖椒去蒂、切圈；薑切菱形片；香蔥切段。

2　炒鍋置大火上，放入融化的豬油燒至 180 度左右，放入薑片、魚頭和魚骨炒香，烹料理米酒，倒入大骨湯，加入小米辣椒、胡蘿蔔片和青尖椒圈，煮至湯汁濃白後，過濾去渣，即得魚骨湯；用蒜泥、剁辣椒、醋、醬油和香油調成酸辣汁，盛小碟內備用。

3　把魚骨湯裝入火鍋內，放入香菇片和香蔥段，撒入鹽和胡椒粉，隨生魚片和酸辣汁碟一同上桌，將生魚片放入沸湯中燙熟，取出蘸汁食用。

湘西三下鍋

🍅 **特色**

　　湘西三下鍋也叫「張家界土家三下鍋」。它是由三種主料做成的，多為肥腸、豬肚、牛肚、羊肚、豬蹄或是豬頭肉等中的三樣，共放一鍋煮製而成，具有紅亮油潤、香辣味鮮、口感豐富的特點。

材料

熟滷牛肚 ..... 150 克	豆瓣醬 ...... 15 克	太白粉水 ..... 適量
熟豬頭肉 ..... 150 克	陳皮粒 .... 1 克	高湯 .... 適量
新鮮雞胗 ..... 100 克	醬油 .... 適量	香油 .... 5 毫升
青、紅美人椒 .. 75 克	鹽 .... 適量	紅辣椒油 .. 20 毫升
大蔥 .... 50 克	雞粉 .... 適量	沙拉油 .... 20 毫升
白酒 .... 20 毫升		

作法

1 　將熟滷牛肚切成 5 公分長、1 公分寬的長條；熟豬頭肉切成大片；雞胗洗淨，先劃上多個十字花刀，再切成小塊；青、紅美人椒洗淨去蒂，切成小節；大蔥切短節。

2 　湯鍋坐爐火上，加入適量清水煮滾，倒入白酒，放入牛肚條和豬頭肉片汆燙透，再加入雞胗塊略汆燙，撈出瀝去水分。

3 　熱鍋，放入紅辣椒油和沙拉油燒熱，放入陳皮粒，倒入牛肚條、豬頭肉片和雞胗塊，加入豆瓣醬炒出紅油，倒入青、紅美人椒節和大蔥節，翻炒後加入高湯，大火煮沸，倒入醬油、鹽和雞粉，炒勻勾太白粉水，淋香油，翻勻裝盤即可。

油淋莊雞

🍅 特色

　　油淋莊雞被譽為三湘名菜的代表作。它是先將肥雞過醃煮熟後，再用熱油澆淋而成。色澤棕紅、皮酥肉嫩、鹹香味醇。因清朝光緒年間在長沙任職的布政使莊賡良愛吃此菜，故名。

材料

肥雞 .... 1 隻	料理米酒 .. 25 毫升	甜麵醬 ...... 1 小碟
蔥段 .... 25 克	冰糖 .... 10 克	油炸花生米 .. 1 小碟
薑片 .... 25 克	醬油 ..... 10 毫升	花椒鹽 ...... 1 小碟
八角 .... 2 個	鹽 .... 8 克	沙拉油 .... 適量
花椒 .... 2 克	蔥絲 .... 1 小碟	

作法

1　將雞剁去雞爪、翅尖和雞嘴尖，放在小盆內，加入蔥段、薑片、八角、花椒、料理米酒、鹽、醬油和敲碎的冰糖拌勻，醃約半小時。

2　取 1 個砂鍋，把雞和醃料倒入，再加適量水沒過原料，置於大火上煮滾，轉小火煨 1.5 小時至軟爛，取出瀝乾汁水。

3　熱鍋，倒入沙拉油燒至 200 度左右時，把煨好的肥雞用漏勺托住，再用手勺舀熱油淋在雞皮上，直至雞皮成棗紅色時瀝乾油分，剁成塊，按原雞形裝盤，隨蔥絲碟、油炸花生米碟、花椒鹽碟、甜麵醬碟上桌即可。

東安子雞

🍎 特色

東安子雞原名「醋雞」，是一道歷史悠久、馳名中外的美味佳餚，被列為中國的國宴菜餚之一。它是將春雞煮熟改刀，加上辣椒、醋等調味料燜燒而成的。色澤素雅、雞肉香嫩、酸辣味濃，讓人食後讚不絕口。

材料

春雞	1 隻	乾辣椒	10 克	太白粉水	10 毫升
洋蔥	30 克	米醋	25 毫升	香油	5 毫升
青、紅辣椒	20 克	料理米酒	15 毫升	辣椒油	15 毫升
蒜頭	6 瓣	鹽	5 克	沙拉油	50 毫升
薑	15 克				

作法

1　將雞清洗乾淨，放在湯鍋中煮至七分熟，撈出放涼，剁掉頭頸和腳爪，再從脊背切開去骨，取雞肉順紋絡切成長條；洋蔥剝去外皮，青、紅椒洗淨去瓤，分別切成條狀；蒜頭切末；薑切絲；乾辣椒切短節。

2　熱鍋，放入沙拉油燒至 180 度左右，放入薑絲、蒜末和乾辣椒節炒香，倒入雞肉條炒乾水氣，烹料理米酒，加米醋、鹽和少量清水燜至入味，最後放入青、紅辣椒條和洋蔥條略燒，用太白粉水勾薄芡，淋辣椒油和香油，翻勻裝盤即可。

五元神仙雞

🍅 特色

　　五元神仙雞又名「五元全雞」，是湖南最有特色的菜餚之一。它是以肥雞為主料，加上桂圓、荔枝、蓮子、紅棗和枸杞子隔水燉製而成，故名五元神仙雞。成品具有雞肉肥酥、味道鮮香、果味濃醇的特點。

材料

肥雞 .... 1 隻	蓮子 .... 25 克	冰糖 .... 10 克
桂圓 .... 6 顆	紅棗 .... 6 顆	鹽 .... 適量
荔枝 .... 6 顆	枸杞子 .... 5 克	胡椒粉 .... 適量

作法

1 將雞去除屁股、爪尖和嘴尖，敲斷大腿骨，用刀順脊背切開，汆燙後洗淨，並瀝乾水分。

2 桂圓、荔枝分別剝殼去核；蓮子洗淨去皮及心；紅棗泡漲，去核；枸杞子用溫水洗淨，泡軟。

3 雞腹朝下放入大號砂鍋內，放入桂圓肉、荔枝肉、蓮子、紅棗和冰糖，加入適量清水，調入鹽，上蒸籠蒸約 2 小時，再放枸杞子蒸 5 分鐘取出，用手勺把整雞翻身，撒上胡椒粉即可。

臘肉燉鱔片

🍅 **特色**

　　湖南是鱔魚的主要產區之一，每年的五、六月分，鱔魚最為鮮美。臘肉燉鱔片就是湘西地區的一道名菜，採用先燒後蒸法烹製而成。肉質軟爛、鹹鮮辣香、臘味濃醇，營養價值高。

材料

鱔魚肉	300 克	蒜頭	4 瓣	雞湯	適量
臘肉	150 克	料理米酒	15 毫升	香油	適量
泡發冬菇	6 朵	醬油	10 毫升	辣椒油	適量
薑	15 克	鹽	適量	沙拉油	適量

作法

1 鱔魚肉洗淨血汙，切成 7 公分長的大片；臘肉切成薄片；冬菇洗淨去蒂，切厚片；薑切菱形小片；蒜切片。

2 熱鍋，倒入沙拉油燒至 180 度左右時，投入鱔魚肉片滑熟，倒出瀝乾油分。鍋隨適量底油複上爐火，放入薑片、蒜片和臘肉片煸香，倒入鱔魚肉片，烹料理米酒和醬油炒勻，加雞湯、鹽，轉小火燒至湯汁濃且少時，盛出；鍋內放少量底油燒熱，下冬菇片略炒，加雞湯、鹽，略燒片刻盛出。

3 取一蒸碗，在碗底排入冬菇片，碗內壁擺上臘肉片，中間填入鱔魚肉片，加入湯汁，淋上辣椒油，上蒸籠用大火蒸半小時，取出翻扣在盤中，淋香油即可。可以根據個人口味和裝盤的美觀度，最後放入幾粒枸杞子和少許油菜。

君山銀針雞片

🍅 特色

君山銀針雞片與浙江杭州的「龍井蝦仁」一樣聞名中國。此菜是以雞胸肉為主料，搭配君山銀針茶滑炒而成。白綠相間、雞片滑嫩、茶味清香，深受喜愛。

🍲 料理小知識

君山銀針是中國名茶之一。產於湖南嶽陽洞庭湖中的君山，形細如針，故名君山銀針。屬於黃茶。

材料

雞胸肉 ..... 200 克	蛋清 .... 2 個	鹽 .... 適量
君上銀針茶 ... 5 克	太白粉水 .. 30 毫升	沙拉油 .... 適量

作法

1. 將雞胸肉切成薄片，放入碗中，加入打散的蛋清、鹽和 20 毫升太白粉水拌勻裹漿；君上銀針茶用沸水沖泡 2 分鐘後潷去茶水，再加 75 克沸水沖泡晾涼，待用。

2. 熱鍋加熱，倒入沙拉油燒至 150 度左右時，放入雞肉片滑至八分熟，倒出瀝油。

3. 原鍋留少許底油複上爐火，倒入雞肉片、茶葉和茶水，加鹽調味，勾入剩餘太白粉水，翻勻裝盤即可（可撒些胡蘿蔔丁點綴）。

麻仁香酥鴨

🍅 特色

　　麻仁香酥鴨為湖南長沙的經典名餚，它是將調味後的鴨肉絲裹在熟鴨肉上，裹麵糊後撒上芝麻，油炸而成。以金黃油潤、鬆軟酥脆、鮮香味醇的特點，深得四方賓客稱讚。

材料

乾淨肥鴨	1 隻	瘦火腿	15 克	蔥段	適量
肥肉	150 克	白芝麻	15 克	薑片	適量
雞蛋	2 個	料理米酒	20 毫升	花椒鹽	適量
雞蛋清	2 個	白糖	5 克	沙拉油	適量
太白粉	50 克	鹽	適量	蔥花	少許
麵粉	20 克	花椒	適量		

作法

1　將肥鴨用料理米酒、白糖、鹽、花椒、蔥段和薑片拌勻醃約 2 小時，上蒸籠蒸至八分熟，取出晾涼，待用。

2　把蒸好的肥鴨先卸下頭、翅和掌，再將鴨身剔淨骨頭，從腿、胸肉厚的部位剔下肉，切成絲；肥肉切成細絲；瘦火腿切成小粒；雞蛋打在碗內，放入 20 克太白粉、麵粉和適量清水調勻成糊，加鹽調勻，待用。

3　在鴨肉表面塗一層蛋糊，放在抹過油的平盤中，把肥肉絲和鴨肉絲放在剩下的蛋糊內拌勻，均勻的裹在鴨肉上，放入燒至 180 度左右的沙拉油鍋裡炸至金黃色時撈出，盛入平盤裡。將蛋清打發起泡，加入 30 克太白粉調勻成雪花糊，裹在炸過的鴨肉上，撒上白芝麻和火腿粒，重入熱油鍋內炸酥，撈出瀝油，切成塊，整齊的擺放在盤內，撒上花椒鹽，點綴蔥花即可。

湘味啤酒鴨

🍅 特色

　　湘味啤酒鴨為湖南湘潭的特色美食之一，它是以鴨肉為主料，加上辣椒醬、啤酒等多種調味料燒製而成。鴨肉酥爛、香辣味濃，十分下飯。

材料

乾淨肥鴨 . . . 750 克	小米辣椒 . . . . 10 克	花椒 . . . . 3 克
啤酒 . . . . 1 瓶	乾辣椒 . . . . 5 克	鹽 . . . . 適量
杭椒 . . . . 20 克	豆瓣醬 . . . . . . 15 克	雞粉 . . . . 適量
青蒜 . . . . 20 克	辣椒醬 . . . . . . 15 克	白糖 . . . . 適量
大蔥 . . . . 15 克	蠔油 . . . . 15 克	老抽 . . . . 適量
薑 . . . . 15 克	料理米酒 . . 10 毫升	胡椒粉 . . . . 適量
蒜頭 . . . . 4 瓣	八角 . . . . 2 顆	沙拉油 . . . . 適量

作法

1　將肥鴨剁成塊，用清水浸泡 15 分鐘，汆燙後瀝乾水分；杭椒、青蒜、小米辣椒分別洗淨，杭椒、小米辣椒切圈，青蒜切段；大蔥切段；薑切片；蒜頭拍裂。

2　熱鍋，倒入沙拉油燒至 180 度左右時，放入杭椒圈、青蒜段和小米辣椒圈炒至半熟，盛出備用。

3　原鍋複上爐火，倒入沙拉油燒至 180 度左右，放入豆瓣醬和辣椒醬炒出紅油，續下蔥段、薑片和蒜爆香，再加入乾辣椒和蠔油爆香，倒入鴨肉塊炒勻，加入料理米酒、白糖、鹽、花椒、八角、雞粉、胡椒粉、老抽、啤酒和開水，以小火燒約 20 分鐘至軟爛，加入炒好的青蒜、杭椒和小米辣椒，翻勻裝盤即可。

湘西土匪鴨

🍅 特色

　　湘西土匪鴨是以鴨肉為主要食材，經過切塊、汆燙後，先與多種香辣調味料煸炒入味，再加湯水燒製。肉酥香，辣而不膩，味道特別的鮮辣。

材料

乾淨肥鴨	750 克	八角	3 顆	胡椒粉	適量
胡蘿蔔	150 克	花椒	3 克	十三香	適量
青、紅辣椒	50 克	桂皮	1 克	鹽	適量
辣椒醬	20 克	月桂葉	1 片	白糖	適量
豆瓣醬	15 克	老抽	適量	香油	適量
乾辣椒	10 克	蒸魚豉油	適量	沙拉油	適量
薑	10 克	辣椒粉	適量		

作法

1. 肥鴨剁成塊，放入滾水鍋裡汆燙一下，撈出來洗淨；胡蘿蔔刮洗乾淨，切成滾刀塊；青、紅辣椒洗淨去蒂，切菱形塊；乾辣椒去蒂，切短節；薑洗淨，切片。

2. 熱鍋加熱，倒入沙拉油燒至 150 度左右時，放入薑片、八角、花椒、桂皮、月桂葉和乾辣椒節炒香，倒入鴨肉塊翻炒至表面緊縮泛黃時，再下辣椒醬和豆瓣醬炒勻。

3. 摻適量開水，加入老抽、蒸魚豉油、辣椒粉、胡椒粉、白糖和十三香，用大火煮滾後，改小火燜至鴨肉九分熟時，放入胡蘿蔔塊，調入鹽，續燒至鴨肉脫骨，轉大火收濃湯汁，起鍋裝盤。

4. 乾淨的鍋子放爐火上，放入香油燒至 180 度左右，投入青、紅辣椒塊炒香，起鍋淋在盤中的鴨肉上即可。

子龍脫袍

🍅 特色

　　此菜又叫「溜炒鱔魚絲」，為湖南的一道特色傳統名菜。它是將鱔魚肉切絲，經裹漿滑油後溜製而成，具有色澤豔麗、鹹香味鮮、滑嫩適口的特點。子龍即小龍，意指鱔魚猶似小龍，去皮即脫袍，故名子龍脫袍。

材料

鱔魚肉	200 克	薑	5 克	太白粉水	適量
冬筍	30 克	太白粉	25 克	高湯	適量
香菜梗	25 克	鹽	適量	香油	適量
鮮紅椒	10 克	胡椒粉	適量	沙拉油	適量
泡發香菇	3 朵	料理米酒	適量		

作法

1　鱔魚肉洗淨血汙，切成 7 公分長的粗絲，放入碗中，加鹽和料理米酒拌勻醃製，再加太白粉拌勻裹漿；冬筍切成絲；香菜梗切成段；香菇去蒂，切細絲；鮮紅椒、薑洗淨，分別切絲。

2　熱鍋加熱，倒入沙拉油燒至 150 度左右時，分散放入鱔魚絲滑熟，再放入冬筍絲和香菇絲過一下油，倒出瀝淨油分。

3　鍋留適量底油複上爐火，放入薑絲煸出香味，倒入鱔魚絲、冬筍絲和香菇絲，烹料理米酒，加高湯、鹽和胡椒粉炒勻，用太白粉水勾薄芡，加入鮮紅椒絲和香菜段，淋香油，翻勻裝盤即可。

翠竹粉蒸鮰魚

🍎 **特色**

　　這道菜主要是以鮰魚為主要食材製作的。因為洞庭湖一帶盛產這種魚，因此當地人就用新鮮的翠竹筒裝魚蒸製，既保留了粉蒸魚的傳統風味，又增加了翠竹本身的淡淡清香，食後口齒留香。

材料

乾淨鮰魚 ... 750 克	薑 .... 10 克	鹽 .... 適量
蒸肉米粉 ... 100 克	白糖 .... 少許	香油 .... 適量
湖南辣椒醬 .. 30 克	五香粉 ...... 少許	辣椒油 .... 30 克
醬油 .... 15 毫升	胡椒粉 ...... 少許	融化的豬油 ... 50 毫升
料理米酒 .. 15 毫升	花椒粉 ...... 少許	竹筒 .... 3 節
香蔥 .... 10 克		

作法

1. 將乾淨鮰魚（長吻鮠）切成 5 公分長、3 公分寬、2 公分厚的長方形塊，再用清水漂洗兩遍，瀝乾水分；香蔥切碎花；薑切細末。

2. 鮰魚塊放入大碗內，加入湖南辣椒醬、醬油、料理米酒、薑末、白糖、五香粉、胡椒粉、花椒粉、鹽和辣椒油拌勻，再加入蒸肉米粉和豬油拌勻，醃約 10 分鐘。

3. 把醃好的魚塊放入竹筒內，蓋上筒蓋，上蒸籠蒸 20 分鐘至熟透，取出，去除竹筒後裝盤，撒蔥花，淋香油即可。

PART 5

蘇菜，清香四溢，
追求本味

　　蘇菜，即江蘇風味菜。江蘇素為魚米之鄉，
物產豐饒。長江三鮮、太湖銀魚、陽澄湖大閘
蟹、南京龍池鯽魚等著名的水產均出自江蘇境
內。其豐富的自然資源與悠久的烹飪文化，使得
蘇菜不斷發展壯大，如今以清新典雅的氣質享譽
國內外。

▍蘇菜流派　蘇菜由金陵菜、淮揚菜、蘇錫菜和徐海菜四大地方風味菜共同組成。

金陵菜多以水產為主，善用燉、燜、烤、煨等烹法。代表菜有「松鼠魚」、「鹽水鴨」等。

淮揚菜包括揚州、淮安、鎮江、鹽城等地區的特色菜，菜品甜鹹適中，如「水晶餚肉」、「梁溪脆鱔」等。

蘇錫菜包括蘇州、無錫一帶的風味菜，菜餚口味偏甜。代表菜有「銀魚炒蛋」、「無錫肉排」等。

徐海菜色調濃重，口味偏鹹，多用煮、煎、炸等烹法。代表菜有「沛公狗肉」、「羊方藏魚」等。

▍蘇菜特色　用料廣泛，以江河湖海水鮮為主；刀工精細，一塊 2 公分厚的豆干，能切成 30 片薄片，切絲如髮；烹法多樣，擅長燉、燜、煨、焐；菜餚追求本味，清鮮平和。

砂鍋獅子頭

🍎 菜餚故事

　　此菜原名叫「葵花斬肉」，相傳，隋煬帝品嘗後，非常讚賞。後傳至唐代，朝廷裡有個頗有名氣的大臣叫韋陟，他在家中宴客時，家廚便上了「葵花斬肉」這道菜，令座中賓客無不嘆為觀止。因這道菜烹製後，肉丸子表面的肥肉末大都已融化或半融化，而瘦肉末則相對顯得凸起，乍看之下，給人一種毛毛糙糙的感覺，有如雄獅之頭，賓客們便乘機勸酒道：「郇國公戎馬半生，功勳卓越，像一頭雄獅，這個菜就叫『獅子頭』好不好？」大家一片叫好聲。從此，這道本來不是很出名的葵花斬肉，便很快以獅子頭的新名字流傳下來了，成為中國淮揚的傳統名菜。

🍎 特色

　　砂鍋獅子頭是一道簡單的家常菜，以豬五花肉餡為主料，經過調味做成四個大丸子，搭配白菜心，放入砂鍋內燉製而成。湯清不渾、口感酥嫩、味美鮮醇、齒頰留香。

材料

豬五花肉 ... 400 克	太白粉 ...... 15 克	蔥薑汁 .... 15 毫升
白菜心 ...... 75 克	太白粉水 .. 15 毫升	料理米酒 .. 15 毫升
油菜心 ...... 4 棵	大蔥 .... 3 段	鹽 .... 5 克
雞蛋 .... 1 個	薑 .... 4 片	香油 ...... 3 毫升

作法

1　將豬五花肉洗淨，肥肉切成石榴粒大小，瘦肉切成比肥肉略小的粒，然後將兩者合在一起，用刀背反覆拍幾遍至有黏性時為止。

2　豬肉末入盆，依次加入 3 克鹽、120 毫升清水、蔥薑汁、雞蛋和太白粉，順一個方向攪拌至有黏性。接著在手心上抹太白粉水，依次將肉餡滾成四個大丸子，放在盤中待用。

3　將白菜心汆燙，置於砂鍋底部，倒入清水煮沸，投入肉丸子煮滾，加蔥段、薑片、料理米酒和剩餘鹽，蓋上鍋蓋，轉小火燉 2 小時左右，放上油菜心略燉，淋香油，盛入盤中即可。

文思豆腐

🍅 **特色**

　　文思豆腐為江蘇名菜之一，距今已有三百多年的歷史，為清代揚州名僧文思創製。以嫩豆腐為主料，搭配火腿、冬菇等烹製而成的一道湯菜，以其刀工精細、軟嫩清醇、入口即化、滋味鮮美的特點名聲遠播。

材料

嫩豆腐 ..... 200 克	冬筍 .... 25 克	太白粉水 ..... 適量
熟火腿 ...... 40 克	鹽 ....適量	香油 ....適量
泡發冬菇 .... 25 克	胡椒粉 ....適量	雞湯 ..... 500 毫升

作法

1　將嫩豆腐先片成 0.1 公分的厚片，再切成細如火柴棍的絲；熟火腿、冬菇、冬筍分別切成極細的絲。

2　豆腐絲放入盆中，倒入沸水燙 3 分鐘，瀝乾水分；冬菇絲、冬筍絲放在開水中汆燙透，撈出瀝去水分。

3　湯鍋上火，倒入雞湯煮滾，放入冬筍絲和冬菇絲略煮，放入豆腐絲、火腿絲，再次煮開，加鹽和胡椒粉調味，用太白粉水勾芡，淋香油，即可出鍋食用。

平橋豆腐羹

🍎 特色

　　平橋豆腐羹是淮安平橋創製的名菜。以豆腐搭配蝦仁、五花肉、火腿、泡發木耳等燴製而成。作法簡單，但是味道卻很棒。

材料

嫩豆腐 ..... 150 克	泡發木耳 .... 25 克	太白粉水 ..... 適量
蝦仁 .... 50 克	雞蛋皮 ...... 25 克	鹽 .... 適量
五花肉 ...... 50 克	蔥花 .... 5 克	胡椒粉 ...... 適量
火腿 .... 25 克	太白粉 .... 5 克	香油 .... 適量

作法

1　嫩豆腐切成菱形薄片；五花肉切成小薄片；火腿切成末；木耳挑洗乾淨，撕成小朵；蝦仁用刀從背部劃開，挑去蝦線，洗淨後拍上一層太白粉；雞蛋皮切成菱形。

2　熱鍋，倒入適量清水煮沸，分別投入小朵木耳、五花肉片、蝦仁燙一下，撈出瀝乾水分。

3　熱鍋，倒入適量清水煮沸，放入五花肉片、小朵木耳和豆腐片，加鹽和胡椒粉調味，待煮熟後勾入太白粉水，煮沸後放入蝦仁和火腿末稍煮，撒蔥花，淋香油，攪勻即可。

叫花雞

🍎 菜餚故事

80 年代被評為「江蘇省名特優食品」的叫花雞（也稱叫化雞），據說是一個叫花子創製的。相傳，在很早以前，有一名叫花子，一邊流浪一邊行乞。某日，他路過江蘇常熟時，偶然獲得一隻雞，卻苦於沒有炊具、調味料而無法烹調。最後他靈機一動，便仿效烤紅薯的方法，將雞宰殺後去除內臟，帶毛裹上黃泥與柴草，放入火中煨熟。當褪去泥衣時，雞毛也隨之褪去了，露出來的雞肉異香撲鼻，十分好吃。後來這一泥烤技法傳入飯店酒家，並把烹製而成的雞取名為「叫花雞」。後又經過廚師不斷研製改進，逐漸成為江蘇的經典名菜。

🍎 特色

傳統叫花雞的作法是將雞用黃泥包住後使用柴火烤熟，如今多用電烤箱烤熟。成菜具有色澤金紅、鮮香肥嫩、酥爛而形整的特點。

材料

三黃母雞 1 隻 .. 約 750 克	蔥段 .... 10 克	五香粉 .... 2 克
豬五花肉 .... 75 克	薑片 .... 10 克	融化的豬油 50 毫升
泡發香菇 .... 50 克	料理米酒 .. 15 毫升	荷葉 .... 2 張
板栗肉 .... 50 克	醬油 .... 5 毫升	鋁箔紙 .... 1 張
油豆皮 .... 2 張	鹽 .... 5 克	黃泥 .... 2 公斤
蔥花 .... 25 克	白糖 .... 5 克	

作法

1　將三黃母雞於清水中洗淨血汙，擦乾水分，剁去雞爪，用刀背敲斷筋骨、胸骨、腿骨和翅骨，放入盆中，放入蔥段、薑片、料理米酒、醬油、白糖、五香粉和 4 克鹽，用手抹遍雞身內外，醃約 3 小時。

2　把豬五花肉、香菇、板栗肉分別切成小丁，與剩餘鹽拌勻，從雞翅口處填入雞腹內，再把醃雞料汁灌入雞腹內。將蔥花和融化的豬油放在一起，充分拌勻，均勻的塗抹在雞的表皮上；把雞頭彎到雞胸處，再將雞腿也壓到雞胸處並夾住雞頭，翻轉雞身，把雞翅壓到雞身下面，雞形即算調整好。

🍲 料理小知識

　　黃泥的調法：依 1 公斤黃土加 600 毫升黃酒的比例，和成軟硬適中的泥團。用黃酒調泥團，是為了使酒香在高溫烤製的過程中滲透到叫花雞的肉質中，使雞肉更加鮮香。

3　取一張油豆皮鋪平，放上整形好的雞包住，再包上另一張油豆皮；第二層用荷葉包裹住；第三層用透明無毒的鋁箔紙包裹住（霧面朝外，用光面接觸食物）；第四層再用荷葉包裹住。最後，用細繩捆紮好。

4　取一塊溼紗布鋪平，將黃泥攤開成 2.5 ～ 3 公分厚，在中間放上捆好的雞，掂起紗布的四個角順上一提，使黃泥包裹住雞，用手拍打均勻，去除紗布。

5　把用黃泥裹好的雞放在烤盤上，送入預熱 200 度的烤箱內烤約 2 小時，再調溫到 160 度烤約 1 小時，取出後敲掉泥殼，解開細繩，揭去荷葉及鋁箔紙即可。

大煮干絲

🍅 **特色**

　　大煮干絲的作法是先將豆干切成如同火柴棍般的細絲（也可直接購買豆干絲），再配以雞絲、筍絲、火腿絲等輔料，加雞湯和調味料燒製而成。吃起來口感獨特且味道充滿層次感。

材料

白豆腐乾 ... 250 克	蔥白 .... 10 克	鹽 .... 5 克
熟雞胸肉 .... 50 克	薑 .... 10 克	沙拉油 .... 30 毫升
瘦火腿 ...... 15 克	料理米酒 .. 10 毫升	雞湯 ..... 500 毫升
豌豆苗 ...... 15 克		

作法

1　將白豆腐乾先切成極薄的大片，再切成均勻的細絲，放在盆裡，加開水泡透。待水涼後撈出，如此反覆泡三次；熟雞胸肉、瘦火腿、蔥白、薑分別切細絲；豌豆苗洗淨，瀝水。

2　熱鍋，倒入沙拉油燒熱，下蔥絲和薑絲炸黃出香，倒入雞湯，煮滾後撇去浮沫，加入鹽和料理米酒。待湯煮至乳白色後，放入豆干絲煮透，撈出堆於湯盤中。

3　將瘦火腿絲和熟雞胸肉絲放入鍋中，煮滾後加入豌豆苗，立即起鍋澆於豆干絲上。

雞油菜心

🍎 特色

　　雞油菜心為江蘇的一道傳統名菜，它是以油菜心為主料，搭配瘦火腿燒製而成。形態美觀、翠綠欲滴、火腿鮮紅、味道鹹鮮，老人小孩都愛吃。

材料

油菜心 ..... 500 克	太白粉水 .... 15 毫升	雞油 .... 30 毫升
瘦火腿 ...... 50 克	融化的豬油 .. 10 毫升	清雞湯 ..... 250 毫升
鹽 .... 4 克		

作法

1　把油菜心洗淨瀝水，用刀在根部切十字刀口；瘦火腿放上蒸籠蒸熟，取出切成菱形片狀。

2　鍋坐爐火上，添適量清水煮滾，放入融化的豬油後，下油菜心燙熟，撈出過冷水，瀝乾水分。

3　原鍋重坐爐火上，倒入雞湯，加鹽調好口味，放入油菜心燒入味，再放入火腿片略燒，先把油菜心取出裝盤，再把火腿片取出擺在上面。鍋中湯汁用太白粉水勾芡，淋入雞油，攪勻後起鍋淋在盤中食物上即可。

松鼠鱖魚

🍎 菜餚故事

春秋後期的吳王僚專橫無道、荒淫無度，舉國臣民都痛恨他。其堂兄公子光與大臣們商量，決定除掉吳王僚而自立為王，挽救吳國。吳王僚有一個嗜好，特別喜歡吃烤魚。於是，公子光讓勇士專諸特地去太湖向名廚學做烤魚技術。學成歸來後，專諸做了一道魚菜，將魚背上的肉劃出花紋，入油鍋炸至魚肉豎立，將匕首藏在魚腹裡，澆上厚厚的滷汁，專諸便借上菜的機會順利刺殺了吳王僚，自己也英勇犧牲。

公子光奪得了王位後，不忘專諸建立的特殊功勳，因此菜形似松鼠，便將它命名為松鼠鱖魚，以示懷念。清代時期，乾隆下江南到蘇州，微服私訪松鶴樓，嘗到此魚後大加讚賞。從此，松鼠鱖魚更是聲名大振，成為蘇州大菜的壓軸菜。

🍎 特色

松鼠鱖魚的作法十分講究，是將去骨的鱖魚肉切十字花刀紋，經過醃製、裹麵糊、油炸後，澆上熬好的糖醋滷汁製作而成，具有形似松鼠、色澤紅豔、外脆裡嫩、酸甜可口的特點。

材料

鱖魚 1 條 .. 約 750 克	香菇丁 ...... 10 克	花椒水 .... 10 毫升
雞蛋液 ...... 100 克	白糖 .... 30 克	蒜末 .... 5 克
麵粉 .... 45 克	番茄醬 ...... 15 克	鹽 .... 3 克
胡蘿蔔丁 .... 10 克	醋 .... 15 毫升	太白粉水 .... 適量
青豆 .... 10 克	料理米酒 .. 10 毫升	沙拉油 .... 適量

作法

1 將鱖魚清洗乾淨，剁下魚頭，將魚身從切下魚頭的斷面用平刀法緊貼魚脊骨，片至尾部成兩半而使尾巴處相連，剔去魚脊骨和胸刺，成兩扇肉。

2 將魚皮朝下，平放在砧板上，先用刀從魚頭斷面處開始每隔 1 公分劃一刀，直至尾部，再轉一角度，用刀劃上與之前刀紋相交叉的刀紋，刀距為 0.8 公分。改完刀後，抹勻料理米酒、花椒水和 2 克鹽，醃 10 分鐘。

3　將醃好的魚肉先拍上一層麵粉,裹勻雞蛋液,再拍上一層麵粉,抖掉餘粉,將兩扇
　　肉並排放好,魚尾翻出,立於兩扇魚肉中間,放入燒至 180 度左右的沙拉油鍋中炸
　　熟成金黃色,撈出瀝油裝盤。魚頭掛上剩餘蛋液和麵粉,放入油鍋中炸熟,撈出擺
　　在魚肉前呈松鼠狀,用兩顆青豆按放在魚眼處作點綴。

4　原鍋隨底油複上爐火,下蒜末炸黃,續下胡蘿蔔丁、青豆和香菇丁略炒,再加入番
　　茄醬炒出紅油,加適量開水,調入白糖、醋和 1 克鹽,嘗好酸甜味,用太白粉水勾
　　芡,再加入 30 毫升熱油攪勻,起鍋淋在魚肉上即可。

猴頭海參

🍅 特色

　　猴頭海參是一道象形菜，看似一隻海參置於盤中，實際是用猴頭菇、木耳和香菇加調味料用蒸溜法烹製而成。其形似海參、軟嫩鹹鮮，為歷久不衰的江蘇傳統名菜。

材料

鮮猴頭菇 ... 200 克	太白粉 ...... 15 克	太白粉水 .. 15 毫升
泡發木耳 .... 75 克	雞汁 ...... 10 毫升	香油 .... 3 毫升
泡發香菇 ..... 3 朵	鹽 .... 5 克	雞湯 ..... 200 毫升
蛋清 .... 2 個	胡椒粉 ...... 2 克	薑片 ....適量

作法

1　將鮮猴頭菇洗淨，切片裝碗，加入 100 毫升雞湯、薑片和鹽，上蒸籠蒸 15 分鐘，取出擠去汁水，剁成細蓉；木耳、香菇分別洗淨，擠乾水分，切碎。

2　猴頭菇蓉放入小盆內，加入香菇碎、蛋清、鹽、雞汁、胡椒粉和太白粉拌勻成稠糊，做成 5 公分長、拇指粗細的圓柱狀，然後周身黏勻木耳碎，用手搓實，即完成猴頭海參生坯。用同樣的方法將餘料逐一做完，整齊的排在盤中，上蒸籠蒸 8 分鐘，取出。

3　與此同時，鍋內放入剩餘雞湯煮沸，加鹽調好口味，勾太白粉水，淋香油，攪勻後淋在蒸好的猴頭海參上即可（可以用蔥花和香芹點綴）。

無錫肉排

🍅 特色

　　無錫肉排也叫「無錫肉骨頭」，是無錫歷史悠久的著名地方風味菜餚。以排骨為主料，配上香料燉製而成。骨肉酥嫩、味香濃郁、肥而不膩。

材料

豬小排 ..... 500 克	草果 .... 1 個	冰糖 .... 25 克
洋蔥 .... 25 克	太白粉 ....適量	紅麴米 .... 5 克
薑 .... 15 克	月桂葉 .... 3 片	鹽 .... 5 克
陳皮 .... 5 克	桂皮 .... 1 小塊	沙拉油 .... 15 毫升
香果（蒲桃）.. 1 個		

作法

1　豬小排剁成 8 公分長段，拍上一層太白粉；薑去皮，切成 1 公分見方的小丁；洋蔥去皮，切塊；將陳皮、香果、草果、月桂葉、桂皮和紅麴米裝在紗布袋內，做成香料袋備用。

2　熱鍋，加入清水煮沸，放入排骨段汆燙至變色，撈出瀝水；炒鍋放爐火，倒入沙拉油燒至 180 度左右，放入薑丁煎黃，離火待用。

3　砂鍋放爐火上，加入清水煮滾，放入排骨段、香料袋和煎好的薑丁，加鹽調味，以小火燉 50 分鐘，再加入洋蔥塊續燉 5 分鐘，起鍋裝盤上桌（可以放些燙泡好的枸杞子、油菜點綴）。

鴨血粉絲湯

🍅 特色

　　鴨血粉絲湯又稱「鴨血粉絲」。此湯由鴨血、鴨腸、鴨肝等加入鴨湯和粉絲製成。以其口味平和、鮮香爽滑的特點風靡各地。

材料

鴨腿	1 隻	香菜段	5 克	薑片	10 克
鴨血	100 克	桂皮	2 小塊	料理米酒	適量
鴨肝	100 克	八角	2 顆	醬油	適量
鴨胗	100 克	花椒	數粒	醋	適量
鴨腸	100 克	蔥段	20 克	鹽	適量
紅薯粉絲	75 克	蔥花	5 克	香辣油	適量

作法

1. 湯鍋放爐火上，加入適量清水煮滾，放入鴨腿煮 15 分鐘，撈出鴨腿，再放入一半的蔥段和薑片到湯內，稍煮備用。

2. 與此同時，把鴨肝放入碗中，加鹽和醋，倒入清水泡 10 分鐘，換清水洗淨；鴨胗、鴨腸均洗淨；鴨腿切成小塊。

3. 另取一個鍋放爐火上，倒入沙拉油燒至 180 度左右時，放入剩餘的蔥段、薑片和鴨腿塊、花椒、桂皮、八角炒出香味，加醬油和料理米酒炒勻上色，再加開水煮沸。

4. 先下鴨胗和鴨肝滷 15 分鐘，撈出切片；再下鴨腸滷 3 分鐘，撈出切段；再放入鴨血滷入味，撈出切片。

5. 把紅薯粉絲放入湯鍋內燙軟，撈在大碗裡，放入鴨肝片、鴨腸段、鴨胗片、鴨血片和鴨腿塊，倒入用鹽和胡椒粉調好味的鴨湯，撒上香菜段和蔥花，淋上香辣油即可。

蘇式醬肉

🍎 特色

　　蘇式醬肉是一道流傳百年的名菜。以五花肉，佐以紅麴粉水、薑、八角等調味料燜燒而成。色澤紅豔、肥而不膩、酥潤可口、鹹中帶甜，非常適合配飯食用。

材料

五花肉 ..... 500 克	冰糖 ....適量	黃酒 .... 5 毫升
紅麴粉 .... 5 克	八角 .... 2 個	鹽 ....適量
蔥段 .... 25 克	桂皮 ...... 1 小塊	蔥花 ....適量
薑 .... 5 片		

作法

1　將五花肉洗淨，切成 3 公分見方的塊，放入冷水鍋中，用大火煮滾，煮沸 5 分鐘，撈出，用熱水漂洗去表面浮沫。鍋裡加入 1,000 毫升冷水，放入紅麴粉調成淡淡的紅色，加入薑片、八角、桂皮和黃酒，大火燒至水開，關火備用。

2　在鍋底鋪一層蔥段，把五花肉塊皮朝上擺放在蔥段上，倒入調配好的紅麴米水，用大火煮沸，加蓋轉小火燜半小時，再加入冰糖燜半小時，調入鹽，再燜 20 分鐘，轉大火收濃湯汁，盛出裝盤，撒上蔥花即可。

水晶肴蹄

🍅 特色

「風光無限數今朝，更愛京口肉食燒，不膩微酥香味溢，嫣紅嫩凍水晶肴。」這是文人讚美江蘇鎮江名菜水晶肴蹄的一首小詩。水晶肴蹄是選用豬蹄為原料，經硝、鹽醃製後，配以蔥、薑、料理米酒等多種佐料，以小火燜酥，再經冷凍凝結而成。具有肉紅皮白、晶瑩光滑、香而不膩、滷凍透明的特點。食用時佐以鎮江香醋和薑絲，別有一番風味。

材料

豬前蹄 .... 1 個	鹽 .... 適量	料理米酒 ..... 適量
花椒 .... 3 克	醋 .... 適量	粗鹽 .... 適量
八角 .... 2 顆	蔥段 .... 適量	生菜葉 .... 適量
亞硝酸鹽 .. 50 毫升	薑片 .... 適量	薑絲 .... 適量

作法

1. 將豬前蹄剔去骨頭，皮朝下平放砧板上，在肉面戳些小孔，均勻的撒上亞硝酸鹽，再用粗鹽揉擦一遍，醃至肉色變紅後取出，泡入水中，漂去澀味，刮淨皮上的汙物，放入滾水鍋中略氽燙，撈出用溫水洗淨；花椒和八角裝入滷包袋中。

2. 不銹鋼鍋放於爐火上，加入適量清水煮沸，放入豬蹄、滷包袋、蔥段、薑片、料理米酒和鹽，大火煮滾，撇淨浮沫，轉小火煮約 2 小時至湯有黏膠且豬蹄軟爛時，離火。

3. 將煮好的豬蹄皮朝下放入方形盒子內，壓緊，將滷湯過濾後倒在豬蹄上，放到陰涼處冷卻凝凍，食用時取出切片，排在墊有生菜的盤中，佐以薑絲、醋碟上桌。

鍋巴蝦仁

🍅 **特色**

　　這道被譽為天下第一菜的鍋巴蝦仁是江蘇經典名菜。它是用蝦仁、肉片和其他調味料做成的滷汁，澆在炸酥的鍋巴上，頓時發出吱吱的響聲，陣陣香味亦隨之撲鼻而來。以其色澤鮮紅、鍋巴酥脆、蝦仁爽滑、肉片軟嫩、味道酸甜的特點聞名於世。

材料

河蝦仁 ..... 200 克	白糖 .... 20 克	醬油 .... 適量
豬五花肉 ... 100 克	醋 .... 15 毫升	鹽 .... 適量
鍋巴 ...... 150 克	太白粉水 .. 15 毫升	香油 .... 適量
泡發香菇 .... 20 克	蔥花 .... 適量	沙拉油 ...... 適量
番茄醬 ...... 30 克		

作法

1　將河蝦仁洗淨，用廚房紙巾吸乾水分，放入碗中，加鹽抓拌至有黏手的感覺時，加入太白粉水拌勻備用；豬五花肉切成指甲大小的片，放在碗內，加入少許鹽和太白粉水拌勻備用；鍋巴用手掰成 3 公分大小的塊；香菇去蒂，切丁。

2　熱鍋，倒入沙拉油燒至 150 度左右時，分別放入豬肉片和蝦仁滑熟撈出；待油溫升高至 200 度左右時，投入鍋巴塊炸至金黃酥脆時，撈出堆放於盤中，舀入 30 毫升熱油。

3　鍋留適量底油複上爐火，投入香菇丁和蔥花略炒，下番茄醬炒出紅油，加適量開水並調入醬油、鹽、白糖和醋，開鍋後嘗好酸甜味，用太白粉水勾芡，放入蝦仁和豬肉片略煮，淋香油，起鍋倒在盤中的鍋巴上即可。

扁大枯酥

🍅 **特色**

　　扁大枯酥以其形扁、體大、色枯、質酥得名。它是以豬肉末為主料,加上在來粉、荸薺粒和調味料調成餡,做成肉餅煎製而成。光看就能勾起人們的食欲。

材料

豬五花肉 ... 500 克	薑 .... 10 克	白糖 .... 適量
在來粉 ...... 60 克	香蔥 .... 20 克	太白粉水 ..... 適量
荸薺 .... 8 個	老抽 .... 適量	高湯 .... 適量
雞蛋 .... 1 個	鹽 .... 適量	沙拉油 .... 適量

作法

1　豬五花肉先切成薄片,再切成細絲,最後切成米粒狀;荸薺拍碎,剁成小粒;薑洗淨去皮,切末;香蔥部分切末,部分切碎花。

2　將豬肉粒放在盆內,加入荸薺粒、薑末、蔥末和雞蛋拌勻,再加入老抽、鹽、白糖和在來粉,用筷子充分拌勻,分成 8 份,將每份依次放在手裡,滾成 8 個光滑的大圓球。

3　熱鍋加熱,倒入沙拉油布勻鍋底,把做好的肉球壓扁放入鍋內,煎至兩面金黃至熟透,鏟出裝盤;鍋內再放高湯煮滾,加入老抽、白糖調好色味,用太白粉水勾芡,淋在肉餅上,撒上蔥花即可。

金陵鹽水鴨

🍅 特色

鹽水鴨又叫桂花鴨，是南京著名的特產。因南京有「金陵」別稱，故也稱金陵鹽水鴨。它是用鴨子作為原料，用熱椒鹽擦抹全身醃製後，再入水鍋中燜煮熟，晾涼後食用。成品皮色玉白油潤、鴨肉微紅鮮嫩、味道異常鮮美。

材料

肥鴨 .... 1 隻	薑 .... 5 片	桂皮 .... 1 小塊
鹽 .... 50 克	香蔥 .... 4 棵	月桂葉 ...... 2 片
花椒 .... 10 克	八角 .... 1 個	生菜葉 ...... 2 片
料理米酒 .. 15 毫升		

作法

1　炒鍋放爐火燒熱，放入鹽和花椒，炒至鹽微微發黃、花椒散發香氣，關火後倒入碗內，備用；香蔥挑洗乾淨，取 2 棵打成蔥結。

2　將鴨放入清水中浸泡去血水，洗淨後瀝乾水分，把熱椒鹽均勻的擦抹在鴨皮和鴨腹內，放入保鮮盒內，入冰箱醃約 1 天。時間到後，取 2 片薑夾住 1 個八角，用 2 根香蔥捆好，放入鴨腹內，待用。

3　湯鍋坐爐火上，加入適量清水煮沸，放入 2 個香蔥結、3 片薑、桂皮、月桂葉和料理米酒，將鴨腿朝上，頭朝下放入鍋中，燜煮 20 分鐘，待四周起水泡時提起鴨腿，將鴨腹中的湯汁瀝出，再將鴨子放入湯中，使腹中灌滿湯汁，如此反覆 3、4 次後，再燜約 20 分鐘，關火。不開蓋，待其自然冷卻，取出瀝去湯汁，冷卻後改刀，裝入墊有生菜葉的盤中即可。

軟兜長魚

🍅 特色

　　軟兜長魚又稱「開國第一菜」，為江蘇淮揚菜中最負盛名的一道菜餚。它是將鱔背肉切段，用爆炒的方法烹製而成，具有色澤烏亮、質地滑嫩、味道鮮美的特點。因用筷子夾起燒熟的鱔魚肉時，兩端一垂，猶如小孩胸前的肚兜袋，所以稱之為「軟兜長魚」。

材料

鱔魚 ...... 500 克	料理米酒 .. 40 毫升	胡椒粉 .... 3 克
韭菜梗 ...... 15 克	醋 .... 40 毫升	太白粉水 .... 10 毫升
香蔥 .... 5 克	生抽 ...... 30 毫升	高湯 ...... 100 毫升
薑 .... 5 克	白糖 ...... 10 克	融化的豬油 .. 20 毫升
蒜頭 .... 2 瓣	鹽 .... 5 克	大蒜油 ...... 25 毫升

作法

1　湯鍋坐爐火上，加入適量清水煮滾，加入鹽、30 毫升料理米酒和 30 毫升醋，倒入鱔魚，蓋緊鍋蓋燜 3 分鐘，撈出洗淨黏液，用小刀沿著椎骨片下鱔魚肉，切段；韭菜梗切 3 公分長段；香蔥切段；薑切片；蒜切片。

2　湯鍋重新放爐火上，加入適量清水煮滾，放入蔥段、薑片和 10 毫升料理米酒，水煮滾後倒入鱔魚段汆燙燙一下，撈出瀝乾水分；用生抽、白糖、胡椒粉、太白粉水和高湯在小碗內調成芡汁。

3　熱鍋，倒入融化的豬油和 15 毫升大蒜油燒至 180 度左右，放入韭菜段和蒜片爆香，倒入鱔魚肉和調好的芡汁，快速翻炒均勻，淋入剩餘的大蒜油和醋，翻勻裝盤即可。

雲霧香團

🍅 特色

　　雲霧香團是以蝦仁為主料，剁成細蓉後，搭配蛋清和茶葉等調成糊，採用軟炸法烹製而成。其形似雲霧、味美鮮嫩、茶香誘人，故廣受食客的青睞。

材料

蝦仁 ...... 100 克	蛋清 .... 4 個	鹽 .... 2 克
廬山雲霧茶 ... 8 克	太白粉 ...... 15 克	沙拉油 ...... 適量
松子仁 ...... 20 克	料理米酒 ... 5 毫升	番茄沙司 ..... 適量

作法

1　將蝦仁洗淨，擠乾水分，用刀剁成細蓉，放入碗中，加料理米酒、鹽拌勻醃味；雲霧茶用少許開水加蓋泡軟，待茶水呈碧綠色時撈取茶葉待用；松子仁用溫油炸熟。

2　蛋清入碗，用筷子順一個方向打成泡沫狀，取 1/4 的量與茶葉、蝦蓉拌勻，再加入剩餘蛋清泡、太白粉和熟松子仁調勻，即成蝦蓉蛋糊，待用。

3　熱鍋，倒入沙拉油燒至 100 度左右時，用湯匙將蝦蓉蛋糊舀起成霧團狀，放入油鍋中，汆至定形後撈出；待油溫升至 130 度時，複炸至熟透且呈雪白色，撈出裝盤，隨番茄沙司上桌蘸食。

銀魚炒蛋

🍅 特色

　　太湖銀魚色白如銀、形似玉簪、肉質絕嫩、滋味鮮美、營養豐富、被稱為「太湖三寶」之首。江蘇風味名菜「銀魚炒蛋」就是用太湖銀魚和雞蛋合炒而成的。色澤金黃、魚肉細嫩、滋味鮮香。

材料

銀魚（水晶魚)150 克	嫩韭菜 ...... 10 克	白糖 .... 適量
雞蛋 .... 4 個	料理米酒 .. 15 毫升	高湯 .... 適量
泡發木耳 ..... 15 克	醬油 .... 適量	融化的豬油 ... 適量
冬筍 .... 15 克	鹽 .... 適量	

作法

1　將銀魚去頭尾，用清水洗淨，瀝乾水分；木耳、冬筍分別切絲；嫩韭菜挑洗乾淨，切成 3 公分長段。

2　木耳、冬筍分別切絲，放入滾水鍋中汆燙透，撈出瀝去水分；雞蛋打入碗內，加鹽和料理米酒打散，待用。

3　熱鍋加熱，舀入融化的豬油燒至 180 度左右，放入銀魚先煸炒幾下，倒入雞蛋液推炒至凝結成形，順鍋邊淋入少量的豬油，當銀魚煎至兩面金黃時，用鏟子鏟成四大塊，放入木耳絲和冬筍絲，加入高湯、料理米酒、醬油、鹽、白糖，用小火燜燒 2、3 分鐘，再放入韭菜段，轉大火收濃湯汁，出鍋裝盤即可。

將軍過橋

🍅 特色

將軍過橋又叫「黑魚兩吃」。它是用黑魚肉片經過裹漿滑炒之後，再放到熬好的魚湯裡食用的一道菜。魚片潔白滑嫩、魚湯濃白香醇、味道鹹鮮香醇。

材料

黑魚 1 條 .. 約 750 克	太白粉 .... 20 克	香油 .... 適量
油菜心 .... 75 克	蔥段 .... 10 克	沙拉油 .... 適量
熟冬筍 ...... 20 克	薑 .... 3 片	融化的豬油 .. 15 毫升
泡發香菇 ..... 15 克	料理米酒 ... 15 毫升	薑醋汁 ...... 1 小碟
熟火腿 ...... 10 克	鹽 .... 適量	
蛋清 .... 2 個	雞湯 .... 適量	

作法

1　將黑魚（烏鱧）清洗乾淨，斬下魚頭，從下巴劈成兩半。將魚身剔下骨頭，斬成塊。把魚肉片成 0.6 公分的厚片，用清水反覆漂淨血汙，擦乾水分，放入碗中，加 5 毫升料理米酒、鹽、蛋清和太白粉拌勻裹漿；油菜心洗淨，瀝水；熟冬筍、熟火腿分別切片；香菇去蒂。

2　魚頭和魚骨氽燙洗淨，放入湯鍋內，加適量清水，加入 10 毫升料理米酒、5 克蔥段、薑片和融化的豬油，以大火煮至湯色乳白時，揀出蔥段和薑片，放入油菜心，加鹽調味，起鍋裝入大湯碗內，放上火腿片。

3　在煮魚湯的同時，將炒鍋放在爐火上加熱，倒入沙拉油燒至 150 度左右，放入魚片滑炒至呈乳白色，倒出瀝油；鍋留適量底油燒熱，投入 5 克蔥段、冬筍片和香菇煸炒，加雞湯、鹽炒勻，勾太白粉水，倒入黑魚片撥勻，淋香油，翻勻盛入湯碗中，隨薑醋汁一起上桌食用。

蟹黃大白菜

🍅 特色

　　蟹黃大白菜為江蘇菜系裡的一道時令名菜，它是以大白菜心為主料，搭配蟹黃和蟹肉燒製而成的，具有色澤素雅、白菜軟糯、蟹肉鮮香的特點。

材料

大白菜心 ... 500 克	鹽 .... 適量	太白粉水 ..... 適量
熟蟹黃 ...... 50 克	料理米酒 ..... 適量	雞湯 .... 適量
熟蟹肉 ...... 50 克	白糖 .... 適量	香油 .... 適量
香蔥 .... 5 克	胡椒粉 .... 適量	沙拉油 .... 適量
薑 .... 5 克		

作法

1　將大白菜心洗淨去根，用刀縱切成 4 瓣；香蔥切成碎花；薑洗淨，切末。

2　鍋子放爐火上，加入適量清水煮沸，放入大白菜心燙軟，撈出瀝盡水分。

3　鍋子重新放爐火上，倒入沙拉油燒至 180 度左右，放入適量蔥花和薑末爆香，倒入熟蟹黃和熟蟹肉煸炒透，烹料理米酒，加雞湯，調入鹽、白糖和胡椒粉，放入白菜心燒透入味，把白菜心撈出裝在盤中。鍋中湯汁用太白粉水勾芡，淋香油，出鍋淋在白菜心上，用蔥花點綴即可。

鳳尾蝦

🍅 **特色**

　　鳳尾蝦與松鼠魚、蛋燒賣、美人肝並稱為「蘇菜四大名菜」。在《白門食譜》裡就有明確記載。此菜的主料為河蝦，輔以蛋清和豌豆等配料，採用滑炒法烹製而成。味道鮮美又營養。

材料

河蝦 .... 500 克	蔥白 .... 15 克	香油 .... 適量
豌豆 .... 50 克	料理米酒 .. 10 毫升	沙拉油 ...... 適量
蛋清 .... 2 個	鹽 .... 適量	雞湯 ..... 100 毫升
太白粉 ...... 30 克	太白粉水 ..... 適量	

作法

1　將河蝦去頭、剝殼、留尾，用牙籤挑去蝦線，洗淨瀝乾；豌豆用沸水汆燙一下，剝去外皮；蔥白切小節。

2　將帶尾的蝦仁加入鹽拌勻，醃 10 分鐘，用清水漂洗兩遍，擦乾水分，放在大碗內，加入料理米酒、蛋清和太白粉拌勻裹漿。

3　熱鍋加熱，倒入沙拉油燒至 150 度左右時，放入裹漿的河蝦，滑至蝦肉呈白色、尾殼變鮮紅色時，倒入漏勺內瀝油；原鍋隨適量底油複上火位，放入蔥段、豌豆翻炒幾下，加入雞湯煮滾，調入鹽，用太白粉水勾芡，淋香油，倒入河蝦，翻勻裝盤。

梁溪脆鱔

特色

　　梁溪脆鱔又名「無錫脆鱔」。此菜是將活鱔魚取肉，先炸脆，再掛濃滷成菜。色澤深紅油亮、鱔肉酥脆而香、味道甜中帶鹹。因吃時甜而鬆脆，再加上用的是梁溪出產的鱔魚，故名梁溪脆鱔。

材料

活鱔魚 ..... 400 克	白糖 .... 25 克	高湯 .... 適量
料理米酒 .. 15 毫升	太白粉 ...... 適量	太白粉水 ..... 適量
薑 .... 10 克	醬油 .... 適量	香油 .... 適量
大蔥 .... 5 克	鹽 .... 適量	沙拉油 ...... 適量

作法

1　將湯鍋置於大火上，加適量清水和鹽煮沸，放入活鱔魚煮至魚嘴張開，撈到清水盆裡漂洗乾淨，取出瀝乾水分，用小刀把鱔魚骨去掉，切成長條，加鹽和料理米酒拌勻，醃 5 分鐘，再加太白粉拌勻；薑洗淨去皮，一半切末，另一半切細絲，用清水泡挺；大蔥切末。

2　熱鍋，倒入沙拉油燒至 180 度左右時，放入鱔肉條炸熟撈出；待油溫升高到200 度左右時，再放入鱔肉條複炸至酥脆，撈出瀝乾油分。

3　鍋留適量底油燒熱，下蔥末和薑末爆香，加高湯、醬油和白糖炒勻，勾太白粉水，倒入鱔肉條顛翻均勻，淋香油，出鍋堆在盤中成塔形，頂部點綴一小捏細薑絲即可（也可以再點綴些蔥花和泡好的枸杞子）。

響油鱔糊

🍅 特色

　　響油鱔糊因鱔糊上桌後盤中還在滋滋作響而得名。即以新鮮鱔魚肉為主料，經宰殺、切段、煮熟後爆炒而成，具有顏色深紅、油潤不膩、肉鮮細嫩、味道香濃的特點。

材料

鱔魚肉 ..... 300 克	香菜 .... 10 克	鹽 .... 適量
冬筍 .... 25 克	料理米酒 .. 10 毫升	高湯 .... 適量
熟火腿 ...... 25 克	醋 .... 10 毫升	香油 .... 適量
大蔥 .... 20 克	胡椒粉 .... 5 克	沙拉油 ...... 適量
薑 .... 15 克	白糖 .... 5 克	太白粉水 ..... 適量
蒜頭 .... 4 瓣	醬油 .... 適量	

作法

1　鱔魚肉切成手指粗、10 公分長的條；冬筍、熟火腿分別切細絲；大蔥一半切段，另一半切碎花；薑洗淨，取 10 克切片，剩餘切末；蒜切末；香菜洗淨切段。

2　湯鍋放爐火上，加入適量清水煮滾，放蔥段和薑片煮片刻，倒入鱔魚條，加料理米酒，汆燙至八分熟，撈出瀝乾水分；用醬油、鹽、白糖、太白粉水和高湯在碗內調勻成芡汁，待用。

3　炒鍋放爐火上，倒入沙拉油燒至 180 度左右，下蔥花、薑末和蒜末煸香，投入鱔魚條炒勻，放入冬筍絲、熟火腿絲、香菜段和胡椒粉，倒入芡汁翻勻，順鍋邊淋入醋和香油，再次翻勻，裝盤即可。

碧螺蝦仁

🍅 特色

　　碧螺春是一種名茶，產於蘇州太湖洞庭東、西山。此道菜是用碧螺春的清香茶汁作調料，與河蝦仁一起烹調而成。成品可見蝦仁色白如玉，又有茶葉點綴其間，入口帶有清新的茶香、鮮嫩彈牙、透著些許甘甜。

材料

新鮮蝦仁 ... 300 克　　太白粉 ...... 25 克　　沙拉油 .... 適量
碧螺春茶 .... 10 克　　鹽 .... 適量

作法

1　將蝦仁洗淨，擠乾水分，放入碗中，加鹽和太白粉拌勻裹漿；碧螺春茶放入杯中，沖入開水，泡約 5 分鐘，備用。

2　熱鍋炙熱，倒入沙拉油燒至 150 度左右時，放入蝦仁滑散至變色，再倒在漏勺內瀝乾油分。

3　鍋留適量底油複上爐火，倒入過油的蝦仁，加入碧螺春茶水，翻勻出鍋裝盤，點綴上碧螺春茶葉即可（也可再點綴些胡蘿蔔碎末）。

清蒸鰣魚

🍅 **特色**

　　「芽薑紫醋炙鰣魚，雪碗擎來二尺餘。南有桃花春氣在，此中風味勝蓴鱸。」這是宋代詩人蘇東坡描寫鰣魚的詩篇。鰣魚經過清蒸法烹製而成的清蒸鰣魚為江蘇地區的傳統名菜，魚身銀白油潤，魚鱗鮮脆爽滑，魚肉豐腴肥美，味道爽口且香而不膩。食時，若再蘸以薑醋汁，更是別具風味。

材料

鰣魚 .... 1 條	薑 .... 5 片	融化的豬油 ... 適量
泡發香菇 ..... 適量	大蔥 .... 3 段	薑醋汁 ..... 1 小碟
熟火腿 ...... 10 克	鹽 .... 適量	蔥花 .... 適量
料理米酒 .. 15 毫升		

作法

1　鰣魚去鰓，從腹部剖開，除去內臟，在腹內接近脊骨處劃一刀，去掉裡面的汙血塊，洗淨血水；熟火腿切成片；香菇去蒂，洗淨待用。

2　在鰣魚表面及腹腔內抹勻鹽和料理米酒，醃約 10 分鐘，然後再用清水洗一遍，擦乾水分。

3　取一魚盤，先擺上蔥段，再放上鰣魚，在魚身表面間隔擺上薑片和火腿片，兩側放上香菇，淋上融化的豬油，入蒸籠用大火蒸約 12 分鐘至剛熟，取出後抽去蔥段，去掉薑片，撒上蔥花，隨薑醋汁上桌即可。

彭城魚丸

🍎 特色

「彭城魚丸聞遐邇，聲譽久馳越南北。」這是教育家康有為稱讚江蘇徐州名菜彭城魚丸時，曾寫的一副對聯。該菜用加有粉絲的魚肉做成丸子，搭配香菇、火腿等溜製而成，具有色澤潔白、口感鮮嫩、味道鹹香的特點。

材料

魚肉 ...... 150 克	大蔥 .... 3 段	鹽 .... 適量
肥肉 .... 50 克	薑 .... 3 片	太白粉水 .... 適量
泡發粉絲 .... 50 克	蛋清 .... 1 個	高湯 .... 適量
泡發香菇 .... 2 朵	太白粉 ...... 10 克	香油 .... 適量
油菜心 ...... 30 克	料理米酒 .. 10 毫升	沙拉油 .... 適量
熟火腿 ...... 15 克	蔥薑汁 ..... 5 毫升	

作法

1 魚肉、肥肉分別切成小丁，合在一起剁成細泥；粉絲瀝乾水分，部分切成碎末，部分汆燙備用；香菇去蒂，同熟火腿分別切菱形片；油菜心洗淨，同香菇片汆燙。

2 魚肉泥放在小盆內，加入鹽、料理米酒、蔥薑汁、蛋清和太白粉順時針攪拌至有黏性，再加入粉絲末拌勻，做成小丸子，放入水鍋中汆熟，撈出瀝去汁水，待用。

3 熱鍋，放入沙拉油燒至 180 度左右，爆香蔥段和薑片，摻高湯煮沸一會，撈出蔥、薑，放入魚丸、粉絲、火腿片、香菇片和油菜心，調入鹽，略燒入味，勾太白粉水，淋香油，翻勻裝盤即可。

拆燴鰱魚頭

🍅 **特色**

　　拆燴鰱魚頭是淮揚名菜之一，也是揚州地區「三頭宴」（按：拆燴鰱魚頭、扒燒整豬頭、清燉蟹粉獅子頭）的必備菜餚之一。它是以花鰱魚頭為主料，經過煮熟拆骨後，搭配香菇、冬筍等料燴製而成。皮糯滑溜、魚腦肥嫩、味道鮮香。

材料

花鰱魚頭 1 個 .. 約 1,500 克	香蔥 .... 15 克	胡椒粉 .... 1 克
泡發香菇 .... 25 克	薑 .... 10 克	太白粉水 .. 15 毫升
熟火腿 .... 25 克	料理米酒 .. 15 毫升	高湯 ..... 180 毫升
冬筍 .... 25 克	鹽 .... 5 克	融化的豬油 15 毫升
油菜心 .... 6 棵	白糖 .... 2 克	沙拉油 .... 30 毫升

作法

1　將花鰱魚頭去鰓洗淨，再從下頜處剖成相連的兩半；香菇去蒂；熟火腿、冬筍分別切成菱形片；油菜心洗淨；香蔥洗淨，一半切段，另一半切碎花；薑去皮，切片。

2　鍋坐爐火上，加入適量冷水，放入鰱魚頭、10 毫升料理米酒、香蔥段和 5 克薑片，以大火煮滾，轉小火煮半小時，撈出放入清水中，拆去大骨和碎骨，把魚頭皮朝上放在盤中。

3　熱鍋，放入融化的豬油和沙拉油燒熱，下蔥花和剩餘薑片爆香，摻高湯，放入魚頭、香菇、火腿片、冬筍片和油菜心，調入鹽、白糖、胡椒粉和剩餘料理米酒，待燴製入味，勾太白粉水，晃勻，盛在深湯盤內即可。

雪花蟹斗

🍅 特色

　　雪花蟹斗是在芙蓉蟹的基礎上，以蟹殼為容器，內裝清炒熟蟹，覆蓋上潔白如雪的蛋泡，稍作點綴，經蒸製後形成色、香、味、形俱佳，受人喜愛的菜餚。

材料

螃蟹 .... 8 隻	蔥白 .... 5 克	太白粉水 ..... 適量
豬五花肉 .... 30 克	薑 .... 5 克	高湯 .... 適量
瘦火腿 ..... 10 克	鹽 .... 適量	香油 ...... 5 毫升
蛋清 .... 2 個	白糖 .... 適量	沙拉油 .... 30 毫升
香菜 .... 少許	料理米酒 ..... 適量	

作法

1　將螃蟹洗淨蒸熟，取出並剝下殼，剔出蟹肉和蟹黃備用，另把蟹殼裡外刷洗乾淨，晾乾水分；豬五花肉煮熟，切成小丁；瘦火腿切成粒；香菜洗淨；蔥白切碎花；薑切末。

2　炒鍋坐火上，放入沙拉油燒至 180 度左右，投入蔥花、薑末和五花肉丁炒香，倒入蟹肉和蟹黃略炒，烹料理米酒，加高湯、鹽和白糖調味，炒勻後勾太白粉水，再次炒勻，盛出備用。

3　將炒好的蟹肉和蟹黃分別盛在蟹殼內，表面蓋上打發的蛋清，點綴上火腿粒，放入蒸籠用小火蒸熟後，取出整齊裝盤。炒鍋內加入高湯煮沸，加鹽調味，用太白粉水勾玻璃芡，淋香油，出鍋澆在雪花蟹斗上，用香菜點綴即可（也可以再點綴些罐頭櫻桃）。

PART 6

粵菜，生猛海鮮，
活殺活宰

　　粵菜，即廣東風味菜。廣東省位於中國東南
沿海，物產豐富，經濟發達。粵菜發源於嶺南，
與早期的川菜、魯菜、湘菜齊名。

▌粵菜流派 粵菜由廣州菜、潮州菜、東江菜三個地方風味菜系組合而成。

廣州菜包括珠江三角洲和韶關、湛江等地的菜餚,用料廣泛,口味講究清而不淡;潮州菜發源於潮汕地區,彙集閩、粵兩家之長,以烹製海產見長,口味清純;東江菜起源於廣東東江一帶,菜餚多用肉類做成,極少用海產品,下油重,味偏鹹。

▌粵菜特色 選料廣泛,以生猛海鮮類的活殺活宰居多;口味以爽、脆、鮮、嫩為特色;烹法多用煎、炒、扒、煲、燉、蒸等;調味料多用豆豉、蠔油、海鮮醬、沙茶醬、魚露等。

東江鹽焗雞

🍎 菜餚故事

　　三百多年前，東江沿海地區的一些鹽場裡，由於人們的工作時間很長，沒有充裕的時間煮飯做菜，便習慣用鹽儲存煮熟的雞。家裡若有客至，隨時可拿來招呼客人，食用方便。經過鹽醃製的雞，味道不但不變，還特別甘香鮮美。於是，這道菜逐漸流傳開來，成為廣東的一道傳統菜。因此菜始於東江一帶，故稱這種雞為東江鹽焗雞。

🍎 特色

　　東江鹽焗雞是廣東東江一帶的客家傳統美食，是由客家人發明的，屬於客家菜。它是將雞先用鹽醃製後，再用紙包好，放入炒熱的鹽中製熟的菜餚，具有色澤黃亮、皮脆肉嫩、鹽香味濃、誘人食慾的特點。

材料

嫩雞 .... 1 隻	烘焙防油紙 ... 5 張	鹽焗雞粉 ..... 5 克
粗鹽 ..... 3000 克	沙薑（三奈）.. 5 克	鹽 .... 3 克

作法

1　將嫩雞晾乾表面水分；沙薑洗淨，切成碎粒。

2　將鹽和鹽焗雞粉放在一起拌勻，均勻抹在雞的表面和腹腔，再把切碎的沙薑裝入腹內，用油紙逐層將雞包好，待用。

3　熱鍋，倒入粗鹽，用鏟子不停的翻炒至滾燙，取 1/3 裝入砂鍋內，放入包好的雞後，再把剩餘的粗鹽倒入，蓋住雞，加蓋以中火焗 30 分鐘，取出，去油紙，切塊裝盤即可。

東江釀豆腐

🍅 特色

　　東江釀豆腐是將豬肉、魚肉、蝦米、冬菇等料拌成餡後釀入豆腐中，先以慢火煎熟上色，再以小火燒製而成。豆腐嫩滑、湯汁香濃，營養而不肥膩。

材料

豆腐 .... 500 克	香蔥 .... 15 克	胡椒粉 .... 適量
豬五花肉 ... 100 克	薑 .... 5 克	高湯 .... 適量
魚肉 .... 50 克	料理米酒 .. 10 毫升	太白粉水 ..... 適量
泡發蝦米 .... 15 克	鹽 .... 適量	沙拉油 .... 適量
太白粉 ...... 15 克	醬油 .... 適量	

作法

1　豆腐切成 3.3 公分長、0.8 公分寬的塊，用小刀把中間挖空；將豬五花肉、魚肉、蝦米分別切成末；薑剁成末；香蔥挑洗乾淨，切碎花。

2　豬肉末放入盆中，加入魚肉末、蝦米末、料理米酒、薑末、鹽和太白粉拌勻成餡；在豆腐塊內撒入少許鹽，加入調好的餡料，做成釀豆腐生坯，擺在盤中，上蒸籠蒸約 10 分鐘取出。

3　熱鍋，倒入沙拉油燒至 200 度左右，放入蒸好的釀豆腐生坯，煎炸成金黃色，潷出餘油；加入 10 克蔥花爆香，加入高湯，加鹽、醬油和胡椒粉調好色味。待豆腐燒入味，勾太白粉水推勻，出鍋裝盤，撒上剩餘蔥花即可。

大良炒牛奶

🍅 特色

　　大良炒牛奶是以鮮奶為主料，搭配蛋清、熟火腿片、熟雞肝、熟蟹肉和熟蝦仁，採用軟炒的方法烹製而成，具有味道鮮香、質感軟滑、入口即化的特點。

材料

鮮奶 ..... 200 毫升	熟蟹肉 ...... 25 克	料理米酒 ... 5 毫升
蛋清 .... 250 克	鮮蝦仁 ...... 25 克	鹽 .... 適量
熟火腿 ...... 15 克	太白粉 ...... 15 克	沙拉油 .... 適量
熟雞肝 ...... 25 克		

作法

1　蛋清入碗，用筷子充分打散，倒入鮮奶，加入鹽和 10 克太白粉，攪勻；熟火腿、熟雞肝分別切片；熟蟹肉撕碎；鮮蝦仁洗淨，用料理米酒和 5 克太白粉拌勻，待用。

2　熱鍋，倒入沙拉油燒至 130 度左右時，放入蝦仁和雞肝片滑炒一下，倒出瀝乾油分，同熟蟹肉和熟火腿片放入牛奶蛋液內攪勻，待用。

3　炒鍋放爐火上，放適量底油燒至 100 度時，倒入調好的牛奶蛋液，用手勺不停的推炒至凝結成熟，盛出裝盤即可（也可以撒些蔥花點綴）。

菠蘿咕嚕肉

🍎 **特色**

　　菠蘿咕嚕肉又稱「甜酸肉」或「咕咾肉」。它是將切塊的豬肉裏麵糊油炸後，搭配鳳梨和酸甜汁烹製而成的。色澤橙黃、外焦內嫩、酸甜可口，深受中外賓客的喜歡。

材料

豬五花肉 ... 200 克	太白粉 ...... 30 克	料理米酒 .. 10 毫升
鳳梨果肉 ... 150 克	白醋 ...... 45 毫升	蒜蓉 .... 5 克
青椒 .... 25 克	白糖 ...... 30 克	鹽 .... 3 克
紅彩椒 ..... 25 克	番茄醬 ...... 30 克	太白粉水 .. 20 毫升
雞蛋 .... 1 個	辣醬油 .... 15 毫升	沙拉油 ... 300 毫升

作法

1　將豬五花肉切成 1.5 公分的厚片，用刀背把兩面敲鬆，再切成邊長 2 公分的菱形塊；鳳梨果肉切成塊；青椒、紅彩椒分別切成菱形片。

2　豬肉塊放入碗中，加入 2 克鹽和料理米酒拌勻，醃約 15 分鐘，再加入雞蛋和太白粉拌勻，使其表面均勻裹上一層蛋糊；小碗內放入白醋、白糖、番茄醬、辣醬油、1 克鹽和太白粉水調勻成糖醋汁，備用。

3　熱鍋，倒入沙拉油燒至 150 度左右時，放入豬肉塊浸炸至熟撈出；待油溫升高，再次放入豬肉塊，複炸至外焦內嫩，倒出瀝油；原鍋隨適量底油複上爐火，下蒜蓉炸香，續下鳳梨塊略炒，烹入糖醋汁炒勻，倒入炸好的豬肉塊和青、紅椒片，翻勻裝盤即可。

鼎湖上素

🍎 特色

粵菜中有一道傳統的經典名菜叫鼎湖上素，它是選取上好的香菇、草菇、木耳和銀耳，配上筍乾等烹製而成。色澤鮮豔，芳香撲鼻，吃起來甘香脆口、爽滑鮮甜。

材料

銀耳 .... 15 克	蓮子 .... 25 克	鹽 .... 5 克
乾香菇 .... 5 朵	青花菜 ..... 100 克	白糖 .... 3 克
鮮草菇 ..... 10 朵	胡蘿蔔 ..... 100 克	太白粉水 .... 適量
竹笙 .... 10 克	蠔油 .... 15 克	香油 .... 適量
乾木耳 ...... 5 克	料理米酒 .. 10 毫升	沙拉油 .... 適量
冬筍 .... 75 克		

作法

1 銀耳用溫水泡透，撕成小朵；乾香菇泡透後，去蒂，在表面切十字花刀；草菇洗淨，一切兩半；竹笙泡發好後，斜刀切成段；乾木耳用冷水泡透後撕成小朵；冬筍切薄片；蓮子用冷水泡漲，剔去蓮心；青花菜洗淨，切成小朵；胡蘿蔔洗淨去皮，切成蝴蝶片。

2 鍋內添水用大火煮滾，放入 3 克鹽和 10 毫升沙拉油，依次放入青花菜、香菇、冬筍、竹笙和草菇汆燙透，撈出瀝去水分。

3 熱鍋，倒入沙拉油燒至 180 度左右，放入蠔油炒出香味後，倒入所有材料炒透，烹料理米酒，加白糖和剩餘鹽調味，勾太白粉水，淋香油，炒勻裝盤即可。

叉燒肉

🍎 特色

　　叉燒肉為燒烤肉的一種，在粵菜中是極具代表性的一道菜。以豬肉為主料，用叉燒醬等調味料醃製後，烤製而成的一種熟肉製品。色澤醬紅、肉質緊實、味道甜鹹、香味四溢。

材料

豬胛心肉 ... 500 克	蜂蜜 .... 15 克	紅糖 .... 5 克
叉燒醬 ...... 30 克	料理米酒 .. 10 毫升	薑 .... 5 片
生抽 ...... 30 毫升		

作法

1　將豬胛心肉洗淨，切成兩大塊，用鋼針戳上小洞，放入盆中，加薑片和料理米酒，拌勻醃半小時，再加入叉燒醬和生抽，拌勻放入冰箱冷藏室醃 24 小時以上。

2　蜂蜜和紅糖放在碗內，調勻成蜜汁，待用。

3　將醃好的豬胛心肉放在墊有鋁箔紙的烤盤上，送入預熱 220℃的烤箱內烤 30 分鐘，取出刷上一層蜜汁，續烤 5 分鐘，取出再刷上一層蜜汁，再烤 5 分鐘，取出晾冷，切片裝盤即可（可放顆櫻桃和一些香菜葉點綴）。

烤乳豬

🍅 特色

　　烤乳豬是廣東最著名的一道特色大菜，早在西周時，此菜就已被列為「八珍」之一，那時稱為「炮豚」。此道菜是先將小乳豬經過醃製入味後，再上火烤熟而成。其色澤紅亮、皮脆酥香、肉質細嫩、鮮味香濃，深受中外食客的喜歡。

🍲 料理小知識

- 脆皮水主要是由醋和糖組成，材料為白醋 400 克，麥芽糖 20 克，大紅浙醋 30 克，料理米酒 20 克，玫瑰露酒 30 克。將這些配料混合拌勻即成。
- 板油是豬油的一種，為「腹腔肋骨」上一層帶油膜的「塊狀脂肪」，加工製成油後多用做糕點。而豬皮裡面，與瘦肉相連，或與瘦肉互相夾雜的肥肉叫「肥油」，多製成豬油用於炒菜。

材料

乳豬	1 隻	豆腐乳	適量	乾蔥碎（青蔥碎片）	適量
鹽	50 克	芝麻醬	適量	白糖	適量
五香粉	5 克	白酒	適量	脆皮水	適量
豆瓣醬	適量	蒜泥	適量	香油	適量

作法

1　將乳豬從臀部內側順脊骨劈開，除去板油，剔去前胸 3 ～ 4 根肋骨和肩胛骨。再用清水徹底沖洗乾淨，瀝去水分；鹽和五香粉調勻成五香鹽；豆瓣醬、豆腐乳、芝麻醬、白酒、蒜泥、乾蔥碎和白糖在碗內調勻成醃醬。

2　將五香鹽塗於豬腹腔內，醃約 30 分鐘，晾乾水分，再塗抹上醃醬醃 30 分鐘。

3　將醃好的乳豬用鐵叉將豬頭斜叉，先用冷水沖淨皮上的油汙，再用沸水淋至皮硬為止，擦乾表面水分，均勻的塗抹上一層脆皮水，掛在通風處，吹乾表皮。

4　將乳豬架於烤爐（溫度約 200 度左右）上烤 30 分鐘左右，在豬皮開始變色時，取下來用針刺些小孔，並刷平滲出的油脂，再烤 20 ～ 30 分鐘至熟，取下後趁熱抹勻一層香油，把乳豬放在大盤裡即可（可在周圍點綴些香芹）。

香芋扣肉

🍅 特色

　　香芋扣肉是以豬五花肉為主料，經過油炸切片後，搭配芋頭片裝碗，淋上醬汁蒸製而成。醬紅明亮、入口即化、香而不膩、味道鮮美，非常適合配飯。

材料

帶皮豬五花肉 1 塊	約 500 克	豆腐乳	2 塊	香油	少許
芋頭	250 克	柱侯醬	15 克	老抽	適量
蔥花	適量	白糖	15 克	大骨湯	適量
玫瑰露酒	30 毫升	鹽	少許	沙拉油	適量

作法

1　將帶皮豬五花肉放入滾水鍋中，以中火煮半小時，撈出擦乾水分，趁熱在表皮抹勻一層老抽，晾乾，投入到燒至 200 度左右的沙拉油鍋裡炸至皮起褶皺，撈出瀝油，再用熱水泡軟。

2　把五花肉切成厚約 0.3 公分的長方片；芋頭去皮洗淨，也切成和肉一樣大小的片；豆腐乳入碗壓成泥，加入柱侯醬、玫瑰露酒、白糖、老抽和大骨湯調勻成醬料。

3　將五花肉片皮朝下與芋頭片間隔著放在蒸碗裡，澆上調好的醬料，用保鮮膜封口，上蒸籠用大火蒸 2 小時至軟爛，取出扣在盤中，淋香油，撒蔥花即可。

潮汕牛肉丸

🍅 **特色**

    潮汕牛肉丸源於客家菜，為廣東的一道經典名菜。它是選用新鮮的牛腿肉製餡，做成丸子後煮熟，連湯上桌，配上沙茶醬佐食的一道菜餚，成品滑彈細嫩，味道鮮美。

材料

牛腿肉	250 克	香菜	10 克	香油	適量
豬肥肉	50 克	魚露	30 毫升	沙茶醬	1 小碟
蝦米	15 克	鹽	適量		
太白粉	15 克	胡椒粉	適量		

作法

1. 牛腿肉去筋膜後先切成小丁，再剁成肉泥，加 5 克太白粉、鹽和 15 毫升魚露，續剁 15 分鐘；豬肥肉剁成末；蝦米泡軟，洗淨切碎；香菜洗淨，切碎。

2. 牛肉泥入盆，加入蝦米碎、肥豬肉末、15 毫升魚露和 10 克太白粉，用手順一個方向攪拌至有黏性，待用。

3. 湯鍋放爐火上，加入適量清水，燒至鍋底起魚眼泡時，左手抓取肉餡，從虎口擠出丸子放入鍋中，以小火煮熟，加鹽和胡椒粉調味，撒香菜碎，淋香油，起鍋盛碗，配上沙茶醬佐食。

廣式燒鵝

🍅 特色

廣式燒鵝是以鵝為主要原料，經過醃製和烤製而成，具有金紅油亮、皮脆肉嫩、味道香濃的特點。

🍲 料理小知識

作法 1 中的香料和醬料塗抹部分，亦可改成將三奈粉（8g）、五香粉（2 錢）、甘草粉（2 錢）混合後先均勻塗抹在腹內，接著塗抹甜麵醬於腹內，再將蔥、薑、八角塞入腹中縫合。

材料

鵝 .... 1 隻　　白醋 ..... 100 毫升　　玫瑰露酒 .. 10 毫升
鵝醬 .... 100 克　　大紅浙醋 .. 10 毫升　　麥芽糖 ...... 50 克
混合香料粉 .. 100 克

作法

1 洗淨鵝腹內的血水，瀝乾水分。先取混合香料粉擦勻內壁，再放入鵝醬抹勻內壁，用針線縫合尾部開口處，醃漬半小時，把打氣機的管子插入鵝的氣管處給鵝打氣，使鵝皮鼓起。

2 將白醋、大紅浙醋、玫瑰露酒和麥芽糖在碗內混合成脆皮水；湯鍋坐火上，加入適量清水煮沸，抓住鵝的頭部用手勺舀沸水淋在鵝身上，直至鵝身表皮收緊、色澤由白變黃，然後擦乾水分，抹勻脆皮水，用鐵鉤把鵝掛起，用風扇吹 4 小時至乾。

3 將鵝放入烤爐內，敞口烤 10 分鐘，蓋上烤爐的蓋子，用 250 ～ 260℃的爐溫烤 15 分鐘，降溫至 200 ～ 220℃續烤 25 分鐘至熟即可（裝盤後周圍可用香芹和櫻桃點綴）。

蠔油牛肉

🍅 特色

蠔油牛肉是廣東的一道特色傳統家常名菜，選用牛里脊肉為主料，配以廣東特有的蠔油，經滑炒烹製而成。菜餚蠔香味濃、質感嫩滑、回味無窮，深受各地食客的喜愛。

材料

牛里脊肉 ... 250 克	蔥花 .... 5 克	胡椒粉 .... 適量
菜心 .... 100 克	薑末 .... 3 克	太白粉水 ..... 適量
太白粉 ...... 30 克	蒜片 .... 3 克	高湯 .... 適量
蠔油 .... 30 克	鹽 .... 適量	香油 .... 適量
料理米酒 .. 10 毫升	老抽 .... 適量	沙拉油 .... 適量

作法

1　將牛里脊肉切成銅錢厚的大片，放入碗中，加鹽、料理米酒和 100 毫升清水拌勻，再加老抽和太白粉拌勻，最後加 30 毫升沙拉油拌勻；將高湯、老抽、胡椒粉、太白粉水和香油在小碗內調成芡汁。

2　熱鍋炙熱，倒入沙拉油燒至 150 度左右，分散放入牛肉片滑至八分熟，倒入漏勺內瀝去油分。

3　原鍋重上爐火，將菜心放入加了鹽的滾水鍋中汆燙成翠綠色，盛在盤中墊底；炒鍋重坐火上，放適量底油燒熱，投入蔥花、薑末和蒜片爆香，下蠔油略炒，續下牛肉片炒勻，倒入芡汁，快速翻炒均勻，裝在盤中菜心上即可。

蛋蓉牛肉羹

🍅 特色

此道菜以牛肉粒搭配蛋清、香菜末等料煮製而成的，具有色澤悅目、湯汁柔滑、牛肉軟嫩、味道鹹香的特點。

🍲 料理小知識

高湯指烹調中常用的一種輔助原料，通常是用肉類，經過長時間熬煮後的湯水，留下來用於烹製其他菜時，代替水加入。而上湯為烹調的調味料，主要材料為瘦肉、老母雞、火腿，經慢火熬製取得，在炒、川湯、滾、煨、清燉皆可以用作汁使用。

材料

瘦牛肉	200 克	鹽	適量	香油	適量
蛋清	2 個	胡椒粉	適量	沙拉油	適量
香菜	5 克	上湯	適量	食用小蘇打粉	少許
料理米酒	10 毫升	太白粉水	適量		

作法

1. 將瘦牛肉洗淨，切成小粒，放入碗中，加入小蘇打拌勻；蛋清入碗，用筷子充分攪散；香菜挑洗乾淨，切成碎末。

2. 炒鍋放爐火上，加入適量清水煮滾，放入牛肉粒汆燙至變色，撈出瀝盡水分。

3. 炒鍋重放爐火上，放入沙拉油燒至 180 度左右，烹料理米酒，加入上湯、鹽和胡椒粉，倒入牛肉粒，用手勺攪勻，待煮沸後，勾入太白粉水。待湯汁濃稠後，淋入蛋清，加點香油，出鍋盛在湯盤內，撒上香菜末即可。

白雲豬手

🍅 菜餚故事

　　相傳古時候，在廣州的白雲山裡有一座寺廟，寺廟後有一股清泉，特別甘甜清冽。寺廟裡有個小和尚，天天為和尚們煮飯。小和尚從小喜歡吃豬肉。有一天，趁師父外出，他偷偷買了些豬手煮食。誰知剛把豬手煮好，師父就回來了。小和尚慌忙將豬手扔到寺廟後的清泉坑裡。過了幾天，趁師父不在，他趕緊到山泉裡把那些豬手撈上來，發現豬手不但沒有腐臭，反而更加白淨。小和尚將豬手拌上糖和白醋食用，不肥不膩，美味可口。後來，白雲豬手傳到民間，人們如法炮製，成了廣東的一道經典名菜。

🍅 特色

　　白雲豬手選用豬前蹄為主要原料，煮熟後先用礦泉水泡冷，再用糖醋汁泡入味。成品色澤白淨、酸中帶甜、皮脆肉嫩。

材料

豬前蹄 ...... 2 個	大蔥 .... 5 克	白糖 .... 50 克
礦泉水 ...... 2 瓶	紅小米辣椒 ... 3 個	冰糖 .... 25 克
薑 .... 5 克	白醋 ..... 100 毫升	鹽 ....適量

作法

1　將豬前蹄皮上的殘毛汙物刮洗乾淨，先用刀劈成兩半，再剁成合適大小的塊；薑洗淨，切片；大蔥切段；紅小米辣椒洗淨，切圈。

2　湯鍋放爐火上，加入適量清水，放入豬蹄塊、薑片和蔥段，用大火煮沸，撇淨浮沫，轉小火煮熟，撈出瀝乾水分，再用礦泉水泡約 3 小時至冷透。

3　湯鍋重放爐火上，倒入適量清水，加入白醋、白糖、冰糖和鹽，熬至熔化，嘗好酸甜味，倒在保鮮盒裡。待徹底晾冷後，放入豬蹄塊和紅小米辣椒圈，浸泡 5 小時以上，撈出裝盤即可。

白切雞

🍅 特色

　　白切雞（又稱白斬雞）為廣東的一道傳統名餚，在宴席上，白切雞往往作為首選，其魅力可見一斑。它是以春雞為食材，經過煮熟浸涼後，改刀切塊，佐以薑蔥油碟食用。製作簡易、熟而不爛、皮爽肉滑、滋味鮮美好吃。

材料

春雞 .... 1 隻	蔥白 .... 50 克	花生油 .... 60 毫升
薑 .... 50 克	鹽 .... 5 克	

作法

1　薑洗淨去皮，切成小粒，入缽搗成細泥；蔥白切成細絲。將兩者一起放入碗內，加入鹽拌勻，待用。

2　炒鍋用中火加熱，倒入花生油燒至 200 度左右時，取出 50 毫升倒入裝有薑泥和蔥絲的小碗裡，調勻成薑蔥油碟；剩下 10 毫升花生油盛起待用。

3　用鐵鉤鉤住雞，放入微沸的滾水鍋內浸沒，每隔 5 分鐘提起一次，倒出腹腔內的水，再放入鍋內浸煮。約 15 分鐘後雞便熟，撈出迅速放入冷開水中冷卻，取出晾乾，塗勻花生油，切成小塊，整齊排入盤內，隨薑蔥油碟上桌即可（可以放些香芹點綴）。

蠔皇鳳爪

🍅 特色

此菜烹調方法製作精細，先煮後炸再燉而成。色澤亮紅、雞爪 Q 彈有嚼勁、鹹香微辣，非常適合當下酒菜。

材料

雞爪 .... 300 克	蠔油 .... 適量	老抽 .... 適量
蒜頭 .... 2 瓣	白糖 .... 適量	太白粉水 ..... 適量
新鮮紅辣椒 ... 5 克	鹽 .... 適量	香油 .... 適量
香蔥 .... 5 克	料理米酒 ..... 適量	沙拉油 .... 適量
鮑魚汁 ...... 適量		

作法

1 將雞爪剁去爪尖，放入碗裡，加入老抽拌勻上色；蒜頭拍裂，切末；鮮紅椒切粒；香蔥挑洗乾淨，切碎花。

2 熱鍋，倒入沙拉油燒至 180 度左右時，放入雞爪炸約 2 分鐘，撈出瀝油。

3 鍋裡加清水煮滾，放入炸好的雞爪，放入鹽、料理米酒和老抽，蓋上蓋子，以小火燜煮 15 分鐘，撈出瀝去汁水。

4 原鍋隨適量底油複上爐火，下蒜末和紅椒粒爆香，加適量清水煮沸，調入鮑魚汁、蠔油、白糖、鹽，倒入雞爪燒約 1 分鐘，用太白粉水勾芡，淋香油，翻勻出鍋裝盤即可。

柱侯焗乳鴿

🍅 特色

柱侯焗乳鴿是以乳鴿為主料，柱侯醬為主要調味料，採用粵菜善用的焗法烹製而成。是一道美味可口，色香味俱全的美食。

材料

乳鴿	1 隻	蒜頭	2 瓣	太白粉水	適量
柱侯醬	100 克	料理米酒	適量	香油	適量
香蔥	5 克	老抽	適量	沙拉油	適量
薑	5 克	鹽	適量	高湯	500 毫升

作法

1 將乳鴿放入滾水鍋中燙一下，撈出擦乾水分，趁熱在表面抹勻一層老抽，自然晾乾；香蔥切碎花；薑切片；蒜頭用刀拍裂。

2 熱鍋，倒入沙拉油燒至 200 度左右時，放入乳鴿炸成棗紅色，撈出瀝乾油分。

3 鍋留適量底油複上爐火，爆香蔥花、薑片和蒜，放入柱侯醬炒香，加入高湯，加鹽和料理米酒調味，放入乳鴿，以小火焗約 20 分鐘，取出切塊，擺成原形裝盤，把鍋裡湯汁勾太白粉水，淋香油，起鍋淋在鴿子上即可。

滑蛋蝦仁

🍎 **特色**

　　滑蛋蝦仁是廣東比較常見的小炒。採用滑炒的方法烹製而成。外香裡嫩，沒有過多的調味料，是一道簡單易學的快手菜。

材料

蝦仁 .... 250 克	太白粉 .... 15 克	胡椒粉 .... 1 克
雞蛋 .... 3 個	太白粉水 ... 10 毫升	鹽 .... 適量
蛋清 .... 1 個	料理米酒 ... 10 毫升	香油 .... 適量
香蔥 .... 10 克	食用小蘇打粉 .. 1 克	沙拉油 .... 適量

作法

1 　將洗淨的蝦仁擠乾水分，放入碗中，加小蘇打粉，用手輕輕抓搓一會，再加清水泡一會，換清水洗兩遍，擠乾水分；香蔥挑洗乾淨，切成碎花。

2 　蝦仁放入碗中，加鹽、蛋清和太白粉拌勻裹漿；雞蛋打入碗內，加料理米酒、鹽、胡椒粉、香油、太白粉水和香蔥花，充分攪拌均勻。

3 　熱鍋炙熱，倒入沙拉油燒至 150 度左右時，放入蝦仁炒至八分熟，倒出瀝乾油分。鍋隨適量底油複上爐火，倒入雞蛋液和蝦仁一起炒勻，盛入盤中即可。

豉椒炒鱔片

🍅 特色

　　豉椒炒鱔片是以鱔魚肉為主料，搭配青、紅椒烹炒而成，具有鱔肉鮮嫩、豉椒味濃的特點。

材料

淨鱔魚肉 ... 250 克	豆豉 .... 25 克	老抽 .... 適量
青椒 .... 50 克	料理米酒 .. 10 毫升	太白粉水 ..... 適量
紅椒 .... 50 克	白糖 .... 少許	香油 .... 適量
香蔥 .... 10 克	胡椒粉 .... 少許	沙拉油 ...... 適量
蒜頭 .... 2 瓣	鹽 .... 適量	上湯 .... 適量

作法

1　將鱔魚肉切大片，放入碗中，加鹽拌勻；青、紅椒洗淨，切菱形片；蒜頭拍裂，切末；香蔥挑洗乾淨，切段。

2　熱鍋，倒入沙拉油燒至 180 度左右時，倒入鱔魚片滑至八分熟，撈出瀝乾油分。

3　鍋留底油複上爐火，下蒜末、蔥段、豆豉和青、紅椒片爆香，倒入鱔魚肉片，烹料理米酒，邊炒邊加入上湯、老抽、鹽、白糖和胡椒粉炒勻，勾太白粉水，淋香油，炒勻，出鍋裝盤即可。

西芹生魚片

🍅 特色

　　西芹生魚片是廣東的一道名菜。以生魚肉片搭配西芹、草菇、胡蘿蔔等滑炒而成。色澤鮮亮、魚片滑嫩、西芹爽脆、鹹香可口。

材料

生魚肉 ..... 200 克	蒜頭 .... 4 瓣	胡椒粉 .... 適量
西芹 .... 100 克	香蔥 .... 5 克	太白粉水 ..... 適量
草菇 .... 25 克	薑 .... 3 克	香油 .... 適量
胡蘿蔔 ..... 15 克	料理米酒 ..... 適量	沙拉油 .... 適量
蛋清 .... 1 個	鹽 .... 適量	上湯 ..... 100 毫升
太白粉 ...... 15 克		

作法

1　將生魚肉切成厚約 0.2 公分的大片；西芹洗淨去筋絡，斜刀切菱形塊；草菇洗淨，對切兩半；胡蘿蔔切花刀片；蒜頭切片；香蔥切段；薑切片。

2　生魚片放入碗中，放入鹽、料理米酒、蛋清和太白粉拌勻裹漿；另取一小碗，放入上湯、鹽、胡椒粉、香油和太白粉水調成芡汁。

3　炒鍋放爐火上，加入適量清水煮滾，加入少許油和鹽，放入西芹、草菇和胡蘿蔔片汆燙一下，撈出瀝乾水分。

4　熱鍋炙熱，倒入沙拉油燒至 150 度左右時，放入生魚片滑散至八分熟，撈出瀝乾油分；原鍋隨適量底油複上爐火，放入蒜片、香蔥段和薑片爆香，投入西芹、草菇和胡蘿蔔片炒乾水氣，倒入魚片和芡汁，翻炒均勻，出鍋裝盤即可。

蒜子瑤柱脯

🍅 **特色**

　　蒜子瑤柱脯是用大蒜和瑤柱（干貝）燒製而成。形態美觀、味道鮮香、口感綿軟、蒜味濃郁。是一道營養豐富的家常菜餚。

材料

泡發干貝 ... 250 克	蠔油 .... 10 克	胡椒粉 ...... 適量
蒜頭 ...... 120 克	白糖 .... 5 克	香油 .... 適量
料理米酒 .. 15 毫升	鹽 .... 適量	上湯 .... 適量
薑汁酒 .... 10 毫升	老抽 .... 適量	太白粉水 ..... 適量

作法

1　熱鍋，倒入沙拉油燒至 180 度左右時，放入蒜頭炸黃，撈出瀝油，再放入加有薑汁酒的上湯裡煮一下，撈出瀝去水分。

2　將干貝撕去表層老筋，排入碗內，加入加有薑汁酒的上湯，上蒸籠用大火蒸半小時，放入蒜頭，續蒸約 20 分鐘，取出潷出湯汁，把瑤柱翻扣在盤內。

3　將潷出的湯汁入鍋煮滾，加蠔油、鹽、白糖、胡椒粉和老抽調好色味，勾太白粉水，淋香油，攪勻後起鍋淋在盤中的食物上即可（可撒些蔥花點綴）。

香滑鱸魚球

🍅 特色

這道香滑鱸魚球為粵菜「十大海鮮」之一。作法是先將鱸魚肉切塊、裹漿、滑油後，再回鍋溜炒而成。成品色澤素雅、魚肉滑嫩、味道鮮醇。

材料

鱸魚 1 條 .. 約 750 克	料理米酒 ... 15 毫升	太白粉水 ...... 適量
油菜 .... 25 克	太白粉 ...... 15 克	香油 .... 適量
胡蘿蔔片 ..... 15 克	白糖 .... 5 克	沙拉油 .... 適量
蔥段 .... 10 克	鹽 .... 適量	上湯 ..... 100 毫升
薑片 .... 5 克		

作法

1　將鱸魚清洗乾淨，取下兩側魚肉，去皮後切成 2 公分見方的塊，放入碗中，加鹽拌勻，醃製 10 分鐘，再加太白粉拌勻裹漿。

2　另取一碗，放入上湯、鹽、白糖、料理米酒、香油和太白粉水調成芡汁；鍋內加上湯煮沸，並加入油菜和胡蘿蔔片汆燙透，撈出投涼，備用。

3　熱鍋炙熱，倒入沙拉油燒至 150 度左右時，放入魚塊滑熟，撈出瀝油；鍋留適量底油，放入薑片和蔥段爆香，倒入滑好的魚塊、油菜、胡蘿蔔片和芡汁，快速翻勻裝盤即完成。

清蒸鱖魚

🍅 特色

　　鱖魚魚肉鮮嫩，而且魚刺少，特別適合老人與小孩吃。這道清蒸鱖魚是採用清蒸法烹製而成，作法簡單，湯汁鮮美、魚肉軟嫩。

材料

鮮鱖魚 1 條 .. 約 600 克　　　料理米酒 .. 15 毫升　　　花生油 .... 50 毫升

蔥白 ....25 克　　　蒸魚醬油 .. 50 毫升　　　鮮紅椒 ...... 10 克

薑 ....10 克　　　融化的豬油　25 毫升

作法

1　將鱖魚清洗乾淨，用廚房紙巾吸乾水分後，從頭至尾用刀貼著脊背骨劃刀口，在其表面和腹腔內抹勻料理米酒；取蔥白 10 克切細絲，其餘 15 克切條；薑一半切片，另一半切細絲。

2　紅椒切細絲，同蔥白絲和薑絲一起放在小碗內，用冷水泡至捲曲，待用。

3　把蔥條間隔著橫放在條形盤子上，鱖魚放在上面，隨後在鱖魚表面放上薑片，淋上融化的豬油，入蒸籠用大火蒸 8 分鐘，取出，去除蔥條和薑片，撒上蔥絲、薑絲和紅椒絲。

4　與此同時，將花生油入鍋燒至 200 度左右，淋在蔥絲、薑絲和紅椒絲上，最後把蒸魚醬油淋在鱖魚周邊即可。

乾煎蝦碌

🍎 特色

　　乾煎蝦碌為廣東特色傳統名菜之一，也是粵菜十大名鮮之一。大蝦先炸後煎，配以酸甜汁烹製。吃起來外皮焦香、肉質脆嫩、味道酸甜好吃。

材料

大蝦 . . . . 400 克	白糖 . . . . 5 克	胡椒粉 . . . . 1 克
番茄汁 . . . . 50 毫升	鹽 . . . . 4 克	沙拉油 . . . . . . .適量
伍斯特醬（烏斯特醬）. . 15 毫升	香油 . . . . .適量	蔥花 . . . . .少許

作法

1　大蝦剪去鬚足，挑去蝦線，用清水洗淨，瀝乾水分，大的蝦切成三段，中蝦切成兩段；把番茄汁、伍斯特醬、白糖、鹽和胡椒粉一起放入碗內，調勻成醬汁。

2　熱鍋，倒入沙拉油燒至 180 度左右時，放入蝦炸至八分熟，倒出瀝油。

3　再把蝦回鍋煎成金紅色，倒入調好的醬汁炒勻，加香油和 15 毫升熱油，翻勻出鍋裝盤，點綴蔥花即可。

白灼蝦

🍅 特色

　　白灼蝦是先經過水煮燙熟後，再蘸上調味醬汁食用。雖然製法簡單，但是蝦肉脆甜，味道特別。

🍲 料理小知識

　　本道菜中所使用的蔬菜汁可使用西芹、胡蘿蔔、洋蔥、香菜來熬製。

材料

新鮮大蝦 ... 300 克	檸檬 .... 1 片	胡椒粉 .... 少許
蔬菜汁 ... 100 毫升	生抽 ..... 15 毫升	鹽 .... 少許
蔥白 .... 15 克	料理米酒 .. 10 毫升	白糖 .... 少許
薑 .... 10 克	蠔油 .... 5 克	香油 ...... 10 毫升
鮮紅椒 .... 5 克	魚露 ...... 5 毫升	沙拉油 .... 15 毫升

作法

1　大蝦剪去鬚足，挑去蝦線，洗淨；蔥白取 5 克切段，剩餘切細絲；薑 5 克切片，另 5 克切細絲；鮮紅椒切細絲。

2　蔬菜汁倒入鍋中煮滾，加入料理米酒、生抽、蠔油、魚露、胡椒粉、鹽和白糖熬 5 分鐘，盛入小碗晾涼；把蔥絲、薑絲和紅椒絲倒入燒至 200 度左右的香油和沙拉油鍋中，再倒入調好的蔬菜汁，翻勻成調醬汁，待用。

3　湯鍋放爐火上，加入適量清水煮滾，放入蔥段、薑片、檸檬片和洗淨的大蝦，煮沸後再煮 1 分鐘左右，撈出瀝去水分，整齊的排在盤中（可點綴少許香芹），隨調味醬汁上桌蘸食。

鮮蝦燴瓜蓉

🍅 特色

「鮮蝦燴瓜蓉」是以冬瓜為主料，搭配新鮮蝦仁燴製而成，具有色澤潔白、清淡可口、味道鹹鮮的特點。

材料

蝦仁	150 克	薑	5 克	太白粉水	適量
冬瓜	200 克	鹽	適量	香油	適量
蛋清	2 個	胡椒粉	適量	沙拉油	適量
太白粉	15 克	上湯	適量	食用小蘇打粉	少許

作法

1 將冬瓜去皮及瓤，先切成薄片，再切成細絲；薑洗淨去皮，切成細絲；蝦仁放入碗中，放入小蘇打粉，用手輕輕抓搓一會，換清水洗兩遍，擠乾水分，加鹽和太白粉拌勻裹漿。

2 熱鍋炙熱，倒入沙拉油燒至 150 度左右時，放入蝦仁滑炒至八分熟，倒出瀝乾油分；蛋清入碗，用筷子充分攪拌均勻，待用。

3 炒鍋複上爐火，加入上湯，放入冬瓜絲、薑絲、鹽和胡椒粉。待冬瓜絲煮軟後，倒入滑好的蝦仁，煮沸後勾太白粉水，使其湯汁濃稠，撇淨浮沫，淋入蛋清，加香油，攪勻盛入湯盤內即可（可撒些蔥花點綴）。

蜜椒排骨

🍅 特色

　　蜜椒排骨原叫「祕旨排骨」。它是將肉排經醃製、油炸成熟後，再裹上用蠔油、生抽、蜂蜜、黑胡椒粉和高湯調成的蜜椒汁製成的一道菜餚。成品色澤褐紅明亮、骨肉焦嫩香醇、味道鹹甜、胡椒味突出。

材料

豬排骨 ..... 500 克	蜂蜜 .... 15 克	鹽 .... 3 克
太白粉 ..... 30 克	料理米酒 .. 10 毫升	高湯 ..... 100 毫升
嫩肉粉 .... 5 克	薑汁 .... 5 毫升	太白粉水 ..... 適量
生抽 ...... 30 毫升	黑胡椒粉 ..... 3 克	沙拉油 .... 適量
蠔油 .... 15 克		

作法

1 　將豬排骨剁成 5 公分長段，加入嫩肉粉拌勻，醃 15 分鐘，用清水漂洗瀝乾，加入料理米酒、薑汁、鹽和太白粉拌勻，再加 30 毫升沙拉油拌勻，醃 1 小時；用生抽、蠔油、蜂蜜、黑胡椒粉和高湯在小碗內調成蜜椒汁，待用。

2 　熱鍋，倒入沙拉油燒至 180 度左右時，逐塊放入排骨炸熟撈出；待油溫升高，再放入排骨炸至焦脆，倒出瀝乾油分。

3 　鍋留適量底油燒熱，倒入調好的蜜椒汁和排骨炒勻，用太白粉水勾芡，翻勻裝盤上桌（可點綴些蔥白絲和香菜葉）。

煎封鯧魚

🍅 **特色**

　　煎封鯧魚為粵菜中的一道名菜。新鮮鯧魚經過醃漬、油煎後，再加煎封汁燜製而成的。色澤金黃、肉質細嫩、鮮香味美、甜中帶酸的特點，深受廣大食客的喜愛。

材料

鯧魚 .... 1 條	伍斯特醬 .. 30 毫升	鹽 .... 3 克
薑 .... 10 克	老抽 ...... 15 毫升	高湯 ..... 150 毫升
香蔥 .... 5 克	白糖 .... 15 克	太白粉水 ..... 適量
蒜頭 .... 2 瓣	薑汁酒 .... 15 毫升	香油 .... 適量
生抽 ...... 45 毫升	料理米酒 .. 10 毫升	沙拉油 ...... 適量

作法

1　將鯧魚清洗乾淨，在兩面切上深至魚骨的一字刀口；薑洗淨，一半切片，另一半剁成細蓉；香蔥切段；蒜頭拍裂。

2　鯧魚放入盆中，加入薑蓉、薑汁酒和 15 毫升生抽，用手抓拌均勻，醃約 15 分鐘；與此同時，用 30 毫升生抽、老抽、伍斯特醬、白糖、鹽和高湯調成煎封汁。

3　熱鍋炙熱，倒入沙拉油燒至 180 度左右時，放入鯧魚，煎至八分熟且兩面金黃時鏟出；鍋留適量底油，放入蒜頭、薑片和蔥段爆香，放入鯧魚，順鍋邊烹入料理米酒，倒入煎封汁，加蓋燜 2 分鐘，把魚翻轉，再加蓋燜 3 分鐘至魚熟入味，淋入太白粉水和香油，推勻後鏟出裝盤即可。

PART 7

徽菜，野味十足，重油、重色、重火候

　　徽菜，即安徽風味菜。安徽位於華東的西北部，土地肥沃，物產富饒，為安徽菜系的形成奠定了物質條件。其菜系發端於唐宋，興盛於明清，民國時期在績溪縣進一步發展壯大，形成了今天的徽菜體系。

▌徽菜流派　徽菜以皖南、沿江和沿淮三種地方風味菜構成。

皖南菜主要是皖南地區的菜系，擅長燉、燒，如「清燉荸薺鱉」、「徽州毛豆腐」等。

沿江菜以蕪湖、安慶地區為代表，長於用煙燻烹製，如「生燻仔雞」、「毛峰燻鰣魚」等。

沿淮菜主要由蚌埠、宿縣、阜陽等地的風味菜構成，如「葡萄魚」、「魚咬羊」等。

▌徽菜特色　選料嚴謹，立足於新鮮活嫩；巧妙用火，以重油、重色、重火候為特色；擅長燒、燉、燻等烹法，以清燉、生燻最能體現徽菜特色。

徽州毛豆腐

🍅 菜餚故事

據說，朱元璋幼年時在一家財主家做苦工，他白天放牛，晚上與長工們一起磨豆腐。後來，朱元璋被財主辭退了，過著沿街乞討的生活，食不果腹。朱元璋沒辦法，便入寺當了和尚。因朱元璋最喜歡吃豆腐，長工們送來新鮮豆腐便藏在寺廟前的草堆裡，朱元璋悄悄取走與和尚們分食。

一次，寺裡一連幾天忙著做廟會，朱元璋沒空去取豆腐。廟會結束，朱元璋去取豆腐，發現豆腐上已長了一層白毛，但丟掉實在可惜，他就拿回廟中，用油煎食，覺得味道更加鮮香。後來朱元璋做了皇帝，便命御廚做這道「油煎毛豆腐」，作為御膳房必備佳餚。之後，此菜便成了享譽中外的名菜。

🍅 特色

徽州毛豆腐也叫「霉豆腐」。它是將豆腐切成塊狀，進行發酵使之長出寸許白毛，然後用油煎成兩面略焦，再紅燒而成的菜餚，鮮醇爽口，味道獨特。

材料

毛豆腐 ...... 10 塊	醬油 .... 3 毫升	高湯 ..... 120 毫升
香蔥 .... 10 克	鹽 .... 5 克	沙拉油 .... 50 毫升
薑 .... 5 克		

作法

1　將每塊毛豆腐切成 3 小塊；香蔥挑洗乾淨，切成碎花；薑洗淨，切末。

2　熱鍋，倒入沙拉油燒至 180 度左右，放入毛豆腐塊煎成兩面金黃且表皮起皺時，加入 5 克蔥花、薑末、高湯、白糖、鹽和醬油燒 2 分鐘，撥勻起鍋裝盤，撒上剩餘蔥花即可。

腐乳爆肉

🍅 **特色**

　　腐乳爆肉是以紅色腐乳（南乳）為主要調味料製成醬汁，烹入滑好的里脊片爆炒而成。色澤紅豔、肉質滑嫩，美味又下飯。

材料

豬里脊肉 ... 200 克	白糖 .... 10 克	太白粉水 .. 10 毫升
油菜 .... 100 克	香蔥末 .... 5 克	高湯 ...... 75 毫升
腐乳 .... 3 塊	鹽 .... 5 克	香油 .... 適量
蛋清 .... 2 個	太白粉 ...... 10 克	沙拉油 .... 適量

作法

1　將豬里脊肉切成長方片，放入碗，加鹽、蛋清和太白粉拌勻裹漿；油菜洗淨，用刀在根部切十字刀口，汆燙熟瀝水，加鹽和香油拌勻，根部朝外擺在圓盤邊，備用。

2　取一個小碗，放入腐乳壓成細泥，加入白糖、鹽、香蔥末、高湯和太白粉水調勻成芡汁。

3　熱鍋炙熱，倒入沙拉油燒至 150 度左右時，放入豬里脊片滑散至變色時，倒出瀝乾油分；鍋留適量底油複上火位，放入調好的芡汁，炒到濃稠時，倒入滑好的豬肉片，迅速翻炒均勻，淋香油，撥勻，盛入裝有油菜心的盤中即可（可在肉片頂端點綴香芹葉）。

蒸香菇盒

🍎 特色

蒸香菇盒的主要食材有香菇和豬肉。先將調好的豬肉餡用兩個香菇夾住，再放蒸籠蒸。外形美觀、香菇軟嫩、肉餡鹹鮮。

材料

泡發香菇 .... 12 朵	太白粉 .... 適量	醬油 .... 適量
豬五花肉 ... 150 克	料理米酒 ..... 適量	高湯 .... 適量
雞蛋 .... 1 個	鹽 .... 適量	太白粉水 ..... 適量
薑 .... 5 克	胡椒粉 .... 適量	香油 .... 適量
大蔥 .... 5 克		

作法

1 香菇去蒂；薑切末；大蔥切末；豬五花肉剁成餡，放入盆中，加薑末、蔥末、胡椒粉、料理米酒和雞蛋拌勻，待用。

2 將香菇放入加有高湯的鍋中，調入鹽煮 5 分鐘，撈出放涼，擠乾水分，把內面朝上平放於砧板上，撒少許太白粉，抹上一層豬肉餡，再蓋上另一片香菇，即成香菇盒生坯。依序將剩餘的材料做完，擺在盤中，上蒸籠用中火蒸 8 分鐘剛熟，取出。

3 鍋內倒入高湯煮滾，加鹽和醬油調好色味，用太白粉水勾芡，淋香油，攪勻後淋在香菇盒上即可。

符離集燒雞

🍎 菜餚故事

此菜在清末民初時又叫「紅麴雞」。清宣統 2 年，山東發生了旱蝗災害，山東德州人管在洲，帶著妻子兒女逃荒流落到符離。為了謀生，他以當地大小適中、肉質細嫩的麻雞為原料，在當地「紅雞」的製作基礎上，增加了許多調味料，製成了一種燒雞，因色澤醬紅、油光閃亮、香氣撲鼻，故將其命名為紅麴雞。由於紅麴雞比當地的「紅雞」更好吃，管在洲的生意自然十分好。經過年復一年的不斷改進，製法愈精，逐漸形成了現在的「符離集燒雞」。1956 年，此菜還登上了中國人民大會堂國宴廳。

🍎 特色

符離集燒雞歷史悠久，源遠流長。它是先將土雞油炸上色後，再放入到加有香料的湯水裡滷製，晾冷後食用的菜餚，具有紅潤油亮、雞肉酥嫩、香味濃郁的特點。

材料

土雞 .... 1 隻	白芷 .... 5 克	砂仁 .... 2 克
薑塊 .... 20 克	山柰 .... 3 克	鹽 .... 適量
蜂蜜 .... 20 克	丁香 .... 3 克	醬油 .... 適量
桂皮 .... 10 克	草果 .... 3 克	沙拉油 .... 適量
陳皮 .... 10 克	肉蔻 .... 3 克	高湯 ..... 250 毫升
八角 .... 10 克	小茴香 .... 2 克	生菜葉 .... 適量
花椒 .... 5 克		

作法

1 將土雞上的殘毛洗淨，擦乾水分，把左翅膀與雞脖子別好，再將雞的腿骨敲斷，交叉插入腹內呈橢圓形。把雞的表皮晾乾後，在其表皮均勻塗一層蜂蜜，晾至半乾，放到燒至 200 度左右的沙拉油鍋中炸成深黃色，撈出瀝乾油分。

2 將香料桂皮、陳皮、八角、花椒、白芷、山柰、丁香、草果、肉蔻、小茴香、砂仁用紗布包好。

3 湯鍋放爐火上，加入高湯和適量清水，放入薑塊、香料包、鹽、醬油和炸好的土雞，大火煮滾，轉小火滷 2 小時至酥爛入味，撈出晾涼，擺在墊有生菜葉的盤中即可。

酥糊里脊

🍎 **特色**

　　酥糊里脊的作法是將豬里脊肉切成條，經醃製入味後，裹上酥糊油炸而成，具有色澤金黃、外酥裡嫩、鹹鮮可口、椒鹽味香的特點。

材料

豬里脊肉 ... 200 克　　　太白粉水 . 100 毫升　　　鹽 .... 適量
料理米酒 .. 25 毫升　　　麵粉 .... 40 克　　　　花椒鹽 .... 適量
蛋清 .... 3 個　　　　香油 ..... 50 毫升　　　　沙拉油 .... 適量

作法

1　將豬里脊肉上的一層筋膜剔淨，切成厚約 0.5 公分的片，用刀背拍鬆，切成 2 公分寬的長方形條。

2　豬里脊條放入碗中，加鹽和料理米酒拌勻，醃 10 分鐘，再逐條裹勻一層麵粉，抖掉餘粉，待用；蛋清入碗，先加入太白粉水和麵粉調勻成糊狀，再加入香油拌勻成酥糊。

3　熱鍋，倒入沙拉油燒至 150 度左右時，將豬里脊條裹勻酥糊，放入油鍋中炸熟成淺黃色，撈出；待油溫升高，再次放入，複炸成金黃色後，撈出瀝油裝盤，蘸花椒鹽食用。

雲霧肉

🍎 **特色**

雲霧肉是將五花肉經過烤、滷、燻等技法烹製而成。吃起來質地酥爛、肥而不膩，醇厚可口。因烹製時燻煙繚繞，似雲霧翻騰，故得此美名。

材料

帶皮五花肉 .. 500 克	大蔥 .... 3 段	桂皮 .... 1 小塊
毛峰茶葉 ...... 5 克	八角 .... 2 個	醬油 .... 適量
鍋巴 .... 100 克	花椒 .... 20 粒	鹽 .... 適量
紅糖 .... 15 克	月桂葉 .... 2 片	香油 .... 適量
薑 .... 5 片		

作法

1　用鐵叉平插入帶皮五花肉的瘦肉中，放在爐火上烤至肉皮起泡時取下，放入熱水中浸泡 15 分鐘，刮淨焦皮，用水洗淨；毛峰茶葉用開水沖泡；鍋巴掰成小塊。將香料八角、花椒、月桂葉、桂皮用紗布包好。

2　湯鍋放爐火上，加入適量清水，放入五花肉、香料包、蔥段、薑片、醬油和鹽，大火煮沸，改用小火燉至熟爛，撈出待用。

3　鐵鍋放爐火上，放入鍋巴塊、紅糖和毛峰茶葉，上面放一鐵箅子，把五花肉皮朝上放在箅子上，蓋好鍋蓋，加熱至鍋內冒出濃煙燻出香味時，離火燜至煙散盡，取出，趁熱抹勻一層香油，放涼之後切薄片，整齊的擺入盤中（可點綴些香芹和櫻桃）。

魚咬羊

🍅 菜餚故事

清代時，徽州府有個農民帶著羊乘船渡江，不小心把一隻公羊擠進江裡。羊不會游泳，在河水中掙扎一會便沉入水底，魚兒便蜂擁而至爭食羊肉。因吃得過多，一條條魚暈頭轉向。恰巧，有位漁民划著小漁船從此處經過，見如此多的魚兒在水面上亂竄，便撒網把這些魚兒收上岸。

到家後，便宰殺烹製，剖開魚肚後，見裡面裝滿了羊肉。漁民覺得很新奇，聞聞羊肉，還未變味。就把魚洗乾淨，封好刀口，連同魚肚裡的碎羊肉一起燒煮。結果，燒出來的魚不腥不膻，魚肉酥爛，湯味鮮美。消息傳出後，當地人就將這道菜取名為「魚咬羊」。久而久之，即成了徽菜中的一道名菜了。

🍅 特色

魚咬羊這道菜是將羊肉填入鱖魚腹中烹製而成，故名。成品魚酥肉爛、不腥不膻、湯鮮味美、風味獨特。

材料

鱖魚 1 條 .. 約 750 克	料理米酒 ... 30 毫升	白糖 .... 5 克
羊肋條肉 .... 250 克	醬油 .... 30 毫升	八角 .... 1 個
薑 .... 20 克	鹽 .... 10 克	香油 .... 5 毫升
蔥白 .... 15 克	醋 .... 5 毫升	沙拉油 .... 120 毫升

作法

1 將鱖魚洗淨後擦乾水分；羊肋條肉切成 3.3 公分長、2 公分粗的條，汆燙；蔥白切段；薑切片。

2 熱鍋，倒入 50 毫升沙拉油燒熱後，下八角、10 克蔥段和 10 克薑片炸香，放入羊肉條煸炒乾水氣，隨即加入 15 毫升醬油、5 克鹽、15 毫升料理米酒和適量開水，以小火燒至八分熟，盛出，把羊肉條從魚嘴裝入魚腹內。

3 原鍋洗淨上火燒乾，倒入剩餘沙拉油燒熱，放入鱖魚，煎成兩面金黃，倒入 15 毫升料理米酒，摻適量開水，加入 5 克蔥段、10 克薑片、白糖、醋、5 克鹽和剩餘醬油，以小火燒 20 分鐘至魚熟，轉大火收汁，淋香油，出鍋裝盤即可（可在魚身表面撒些蔥花裝飾）。

火腿燉鞭筍

🍅 特色

火腿燉鞭筍是以鞭筍為主料,搭配火腿燉製而成的一道安徽傳統經典名餚,以其竹筍淡黃、火腿微紅、湯汁乳白、清香醇厚、滋味鮮美的特點受到食客們的稱讚。

材料

鞭筍	400 克	鹽	3 克	融化的豬油	15 毫升
火腿	100 克	冰糖	3 克	雞湯	適量
嫩筍尖	25 克				

作法

1　將淨鞭筍斜刀切成 3 公分長段,汆燙;火腿切成片;嫩筍尖先對半切開,再切片,汆燙備用。

2　取一淨砂鍋,把鞭筍段擺入砂鍋內,上面擺上火腿片,頂部用嫩筍尖片裝飾,加入冰糖、鹽和雞湯,淋上融化的豬油,加蓋上蒸籠,用大火蒸爛,出鍋後裝盤即可(可在頂端點綴些香菜葉)。

淮南牛肉湯

🍎 特色

淮南牛肉湯是用牛骨搭配辣椒等香料熬成濃湯，加上滷熟的牛肉製作而成。湯品鮮醇清爽、濃香微辣、口感獨特。

🍲 料理小知識

豆餅是安徽的特色美食，主要用料是將綠豆粉加麵粉和水和成水粉漿，再用平底鍋烙成餅狀。

材料

黃牛大骨	500 克	乾辣椒	25 克
滷熟黃牛肉	250 克	蔥段	10 克
黃牛肥油	100 克	薑片	10 克
紅薯粉條（韓國粉條）	100 克	香菜	25 克
新鮮豆餅	100 克	白豆蔻	2 個
新鮮豆腐皮	100 克	草果	2 個
辣椒粉	50 克	肉蔻	2 個

八角	3 個
山奈	1 克
白芷	1 克
月桂葉	1 克
花椒	1 克
鹽	適量

作法

1. 黃牛大骨洗淨，用刀背敲斷；滷熟黃牛肉切成大片；紅薯粉條泡軟，煮熟，晾涼；豆餅切片；豆腐皮切絲；香菜挑洗乾淨，切段；黃牛肥油切成小塊，入鍋熬化，放入蔥段和薑片炸香撈出，放入辣椒粉炒香，盛出備用。

2. 將香料白豆蔻、草果、肉蔻、八角、山奈、白芷、月桂葉、花椒用紗布包好。

3. 湯鍋放於爐火上，加入適量清水，放入黃牛大骨、蔥段、薑片、乾辣椒和香料包，以中火熬煮 2 小時，加入炒好的辣椒粉和鹽，繼續熬煮出味，即成湯汁。

4. 取適量紅薯粉條、豆腐皮絲和豆餅片放入漏勺內，再放上適量滷熟牛肉片，放入滾湯鍋裡燙熱，取出盛在大碗裡，舀入湯汁，撒上香菜段即可。

老蚌懷珠

🍅 特色

　　這道菜是用甲魚（俗稱鱉）做主料，加上鳥蛋、雞肉丸、冬瓜球蒸製而成。湯清味鮮、甲魚肉嫩。因甲魚的上下殼好似蚌殼，鳥蛋色白如珠，故稱老蚌懷珠。

材料

活甲魚 .... 1 隻	蛋清 .... 1/2 個	鹽 .... 適量
鳥蛋 .... 8 個	太白粉水 .. 10 毫升	胡椒粉 .... 適量
冬瓜 ...... 150 克	蔥段 .... 適量	雞湯 .... 適量
雞胸肉 ...... 50 克	薑片 .... 適量	香油 .... 適量
肥肉 .... 25 克	料理米酒 .... 適量	

作法

1　將活甲魚宰殺放血，去掉硬殼、尾和爪尖，除去內臟，用冷水洗淨，放在滾水鍋中氽約 30 秒，撈在裝有冷水的盆中，刮洗去表面黑膜；雞胸肉和肥肉合在一起剁成細蓉，加鹽、料理米酒、胡椒粉、蛋清和太白粉水，順時針攪拌至有黏性；冬瓜去皮、瓤，挖成冬瓜球；鳥蛋煮熟，剝殼。

2　湯鍋放爐火上，加入適量清水燒至微開，把雞肉蓉做成丸子，放入鍋裡氽至定型，撈出備用；再把冬瓜球放入鍋裡氽燙至八分熟，撈出瀝水。

3　將甲魚放在湯盤內，倒入雞湯，加入蔥段、薑片、料理米酒、胡椒粉，上蒸籠用大火蒸半小時取出，揀去蔥段和薑片，調入鹽，加入鳥蛋、冬瓜球和雞肉丸，上蒸籠續蒸至甲魚軟爛，取出淋上香油即可。

曹操雞

🍅 特色

　　曹操雞俗稱「逍遙雞」，是始創於三國時期的安徽傳統名菜。它是先將春雞油炸後，再放入調好滷湯的砂鍋裡燜酥入味而成，具有湯汁微黃、雞肉軟嫩、味道香醇、營養滋補、食後口留餘香的特點。

材料

春雞 .... 1 隻	蔥花 .... 5 克	花椒 .... 數粒
泡發木耳 .... 50 克	薑片 .... 5 克	料理米酒 .... 適量
泡發香菇 .... 50 克	桂皮 ...... 1 小塊	鹽 .... 適量
杜仲 .... 8 克	八角 .... 2 個	沙拉油 .... 適量
天麻 .... 8 克	蜂蜜 .... 適量	

作法

1　將春雞放在滾水鍋中燙至皮緊，撈出擦乾水分，趁熱在表面抹勻蜂蜜，待稍微晾乾，放入燒至 200 度左右的沙拉油鍋中炸成金黃色，撈出瀝乾油分。

2　將杜仲和天麻用溫水泡透，裝在雞腹內，將雞腹朝上放入砂鍋內，加入適量開水沒過雞面，加入蔥花、薑片、桂皮、八角、花椒、料理米酒、香菇和木耳，大火煮滾，轉小火燉 40 分鐘至雞肉酥爛，加鹽調味即可。

黃山燉鴿

🍅 特色

　　黃山燉鴿是安徽黃山的一道特色傳統名菜。是以黃山菜鴿與黃山山藥燉製而成。湯清味鮮、鴿肉酥爛、山藥清香爽口。

材料

鴿子 . . . . 2 隻	薑 . . . . 25 克	料理米酒 . . . . . 適量
山藥 . . . . 150 克	胡蘿蔔片 . . . . 10 克	鹽 . . . . 適量
油菜 . . . . 6 顆	香蔥 . . . . 25 克	冰糖 . . . . 適量

作法

1　將山藥洗淨去皮，切成 0.5 公分的厚片；薑洗淨，切片；香蔥挑洗乾淨，打成結；胡蘿蔔片汆燙；油菜洗淨，用滾水燙一下，放入冷水中浸泡備用。

2　湯鍋放爐火上，加入適量清水煮滾，放入鴿子汆燙透，撈出，並用清水洗淨表面浮沫。

3　將鴿子放入砂鍋內，加入薑片、蔥結和山藥片，再加入料理米酒、冰糖和開水，蓋上蓋子，上蒸籠用大火蒸至熟爛，取出，加鹽調味，放入燙熟的油菜和胡蘿蔔片。

白汁鱖魚

🍎 特色

　　這道菜是將鱖魚蒸熟，淋上用蝦仁、冬筍、冬菇等料調成的鹹鮮白汁而成，具有汁色奶白、魚肉軟嫩、清爽鮮香的特點。

材料

鱖魚 1 條 ...... 約 750 克	毛豆 .... 20 克	太白粉水 ...... 適量
蝦仁 .... 50 克	蔥段 .... 15 克	雞湯 ...... 100 毫升
熟火腿 .... 25 克	薑片 .... 10 克	融化的豬油 .. 15 毫升
冬筍 .... 25 克	料理米酒 .. 15 毫升	沙拉油 ...... 25 毫升
泡發冬菇 .... 25 克	鹽 .... 適量	

作法

1. 剁去鱖魚兩側和背部的魚鰭，洗淨，投入滾水鍋中燙一下，撈出，放入冷水中浸涼，瀝乾水分，用刀在魚體兩側各劃上刀口；蝦仁洗淨；熟火腿、冬筍、冬菇均切成黃豆大小的小丁；毛豆去莢，洗淨。

2. 將鱖魚表面及刀口內擦勻鹽，放入盤內，淋上料理米酒和融化的豬油，擺上蔥段和薑片，上蒸籠用大火蒸約 15 分鐘，取出。

3. 熱鍋，舀入沙拉油燒熱，放蝦仁略炒幾下，放火腿丁、冬筍丁、冬菇丁和毛豆炒至八分熟，加雞湯煮沸，調入鹽，用太白粉水勾玻璃芡，淋在鱖魚上即可（可在表面撒些蔥花點綴）。

清燉馬蹄鱉

🍅 **特色**

　　這道菜又名「火腿燉甲魚」，為徽菜系中最古老的傳統名菜，是用甲魚和火腿燉製而成。湯汁清醇、肉質酥爛、裙邊滑潤、肥鮮濃香。

🍲 **料理小知識**

　　裙邊是指甲魚背甲邊緣很軟的一周軟肉，是一種高蛋白、低脂肪的滋補食品。

材料

甲魚 .... 1 隻	蔥段 .... 5 克	花椒 .... 數粒
泡發木耳 .... 50 克	薑片 .... 5 克	料理米酒 .... 適量
泡發香菇 .... 50 克	桂皮 .... 1 小塊	鹽 .... 適量
杜仲 .... 8 克	八角 .... 2 個	融化的豬油 ... 適量
天麻 .... 8 克	火腿 .... 50 克	雞湯 .... 適量
冰糖 .... 適量	白胡椒粉 ..... 適量	

作法

1　將甲魚清洗乾淨；火腿切成長方形厚片。

2　湯鍋放爐火上，加入適量清水煮滾，並放入火腿片稍煮撈出，再放入甲魚煮約 2 分鐘，撈出瀝乾。

3　先將甲魚整齊的排在砂鍋內，再將火腿片、蔥段和薑片圍在甲魚四周，加入雞湯和料理米酒，加蓋用大火煮沸後，撇去浮沫。

4　放入冰糖、木耳、香菇、杜仲、天麻、桂皮、八角、花椒、料理米酒，轉小火燉約 1 小時，揀出蔥段和薑片，加鹽調味，淋入燒熱融化的豬油，撒上白胡椒粉即可。

紅燒臭鱖魚

🍎 特色

　　紅燒臭鱖魚是以事先用鹽醃製好的臭鱖魚為主料，經過煎製後，再用調好味的湯汁燒製。色澤紅亮、魚肉細嫩、味鹹鮮辣、臭而回香、風味獨特。

材料

醃好的臭鱖魚 .. 1 條	香菜梗 ...... 10 克	胡椒粉 .... 適量
泡發香菇 ..... 30 克	八角 .... 2 個	太白粉水 ..... 適量
冬筍 .... 30 克	料理米酒 .. 15 毫升	紅油 .... 適量
肥肉 .... 30 克	醬油 .... 適量	沙拉油 .... 適量
乾辣椒 .... 15 克	陳年醋 .... 適量	融化的豬油 ... 適量
薑 .... 10 克	白糖 .... 適量	高湯 .... 適量
蒜頭 .... 3 瓣		

作法

1　醃好的臭鱖魚瀝乾汁水；香菇、冬筍、肥肉分別切成小丁；薑、蒜頭、香乾辣椒去蒂，切短節。

2　熱鍋炙熱，倒入沙拉油和融化的豬油燒至 200 度左右，放入臭鱖魚煎至兩面略焦上色，鏟出。

3　原鍋留適量底油，下八角炸香，續下香菇丁、冬筍丁、肥肉丁、薑末、蒜末和乾辣椒節煸炒出香，加入高湯，放入鱖魚，倒入料理米酒，加醬油、陳年醋、白糖和胡椒粉調好色味，加蓋燜燒約 15 分鐘，改大火收汁，勾太白粉水，淋紅油，出鍋裝盤，撒上香菜梗碎即可。

毛峰燻鱘魚

🍅 **特色**

　　毛峰燻鱘魚是將鱘魚經過調味醃製後，置於鍋中，用安徽茶葉之上品黃山毛峰茶為主要燻料燻製而成。鱘魚金鱗玉脂、油光發亮、茶香四溢、鮮嫩味美、誘人食慾的特點，是宴席之珍品。

材料

鱘魚半片 ...... 約 750 克	蔥末 .... 25 克	醬油 ...... 10 毫升
毛峰茶葉 .... 25 克	醋 .... 50 毫升	鹽 .... 5 克
鍋巴 .... 150 克	白糖 .... 25 克	香油 .... 適量
薑末 .... 50 克	料理米酒 .. 15 毫升	生菜葉 ...... 適量

作法

1　將鱘魚擦乾水分，先抹勻鹽，再均勻的塗上一層醬油和料理米酒，撒上蔥末和一半的薑末，醃約 20 分鐘；毛峰茶葉用熱水沖泡，待用。

2　將鐵鍋放於爐火上，先放入鍋巴，再撒上茶葉和白糖，上面放一個鐵箅子，把魚放在箅子上，蓋上鍋蓋，用中火燒至冒濃煙時，沿鍋邊淋入少量清水，轉小火燻 5 分鐘，再用中火燻 3 分鐘左右，取出。

3　把鱘魚剁成 2 公分寬的長條狀，按魚的原形排在墊有生菜葉的盤中，在魚身刷上香油，隨用醋和剩餘薑末做成的調味碟上桌佐食。

魚羊燉時蔬

🍎 特色

　　魚羊燉時蔬為安徽菜餚裡的一道經典湯菜，它是以魚頭和羊肉餡為主要原料，搭配時令蔬菜燉製而成的，具有湯汁乳白、魚頭滑嫩、味道鹹鮮的特點。

材料

花鰱魚頭	1 個	泡發粉絲	50 克	薑	10 克
羊肉餡	100 克	蛋清	1 個	鹽	適量
白蘿蔔	150 克	太白粉	10 克	胡椒粉	適量
油菜（取心）	100 克	蔥白	10 克	融化的豬油	適量

作法

1　花鰱魚頭洗淨，從下巴處劈開成相連的兩半；白蘿蔔去皮，洗淨，切成小滾刀塊；油菜洗淨，對半切開；蔥白切末；薑一半切絲，另一半切末。

2　羊肉餡放入盆中，加入蔥末、薑末、鹽和胡椒粉拌勻，再加蛋清、太白粉和少許清水，慢慢的順時針攪拌至有黏性。

3　熱鍋，放入融化的豬油燒至 200 度左右時，放入魚頭煎至上色，放入薑絲略煎，加入開水和白蘿蔔塊，煮至湯汁濃白時，轉小火，把羊肉餡做成小丸子，放入湯鍋中煮熟，調入鹽和胡椒粉，放入油菜和粉絲稍燉，盛在湯盤內即可。

屯溪醉蟹

🍎 特色

這道菜是以活螃蟹為主要原料，用糯米甜酒、白酒、醬油等料生醃而成。其色澤青黃、蟹肉鮮嫩、酒香濃郁，回味甘甜。

🍲 料理小知識

封缸酒是中國傳統名酒，屬於黃酒類酒品。封缸酒是以稻米、黍米為原料，一般酒精含量為 12% ～ 20%，屬於低度釀造酒。

材料

活蟹 .... 6 隻	高粱白酒 .. 20 毫升	蒜頭 .... 6 瓣
醬油 ..... 300 毫升	鹽 .... 30 克	花椒 .... 6 粒
徽州封缸酒200 毫升	薑 .... 20 克	冰糖 ....適量

作法

1 將活蟹洗刷乾淨，瀝乾水分，揭開蟹殼，把汙物擠出，放入花椒粒，撒上鹽，以同樣的方法把其餘五隻蟹也加工好；蒜頭拍裂；薑切片。

2 取一陶罐，放入加工好的螃蟹，加入薑片、蒜頭、花椒、冰糖、醬油、徽州封缸酒和高粱白酒，用兩根竹片呈十字形卡在罐內，壓住蟹身，用保鮮膜密封缸口，醃一個星期，取出裝盤食用（可撒些線椒圈和小米辣椒圈裝飾）。

干貝蘿蔔

🍅 特色

干貝蘿蔔是以白蘿蔔為主料，搭配干貝和火腿蒸製成。喝起來清淡、甘鮮、爽口。

材料

白蘿蔔 ..... 500 克	香蔥 .... 10 克	冰糖 .... 適量
火腿 .... 10 克	薑 .... 5 克	太白粉水 ..... 適量
泡發干貝 .... 25 克	鹽 .... 適量	香油 .... 適量
料理米酒 .. 15 毫升	雞湯 .... 適量	沙拉油 .... 適量

作法

1 白蘿蔔先切成 0.5 公分的厚片，再用梅花刀具壓成梅花形；火腿切半月形片；泡發干貝去老筋；香蔥挑洗乾淨，切碎花；薑切末。

2 熱鍋，倒入沙拉油燒至 180 度左右時，放入白蘿蔔片炸軟，撈出瀝乾油分。

3 取一蒸碗，先把干貝放在碗底，再把火腿片擺在碗內壁，中間放入白蘿蔔片，加入 5 克蔥花、薑末、鹽、冰糖、料理米酒和雞湯，上蒸籠用大火蒸熟，取出翻扣在盤中；把蒸出的湯汁潷入鍋內煮滾，勾太白粉水，淋香油，攪勻後淋在盤中食材上，撒上剩餘蔥花即可。

PART 8

閩菜，菜餚多湯汁，一湯十味

閩菜，即福建風味菜。福建位於中國東南部，東臨大海，西北負山，氣候溫和，雨量充沛，盛產稻米、甘蔗、花果、蔬菜和茶、菇、筍、蓮及各種山珍野味，尤以各種河海鮮味為最，福建人民利用這得天獨厚的資源，烹製出珍饈佳餚，逐步形成了別具一格的閩菜。

▌ 閩菜流派　閩菜主要由福州、閩南、閩西三種不同地方的風味菜構成。

福州菜，在閩東、閩中、閩北一帶。如「佛跳牆」、「煎糟鰻魚」等。

閩南菜，盛行於廈門和晉江、龍溪地區。如「東壁龍珠」、「八寶芙蓉鱘」等。

閩西菜，盛行於閩西客家地區，以烹製山珍野味見長，具有濃厚的山鄉色彩。

▌ 閩菜特色　刀工巧妙，素有剞花如荔、切絲如髮、片薄如紙的美譽；湯菜眾多，變化無窮，素有一湯十變之說；調味奇特，擅長用紅糟調味，菜餚偏於甜酸口味；烹調細膩，以炒、蒸、煨技術最為突出。

半月沉江

🍅 菜餚故事

「半月沉江」是廈門南普陀寺裡的名菜之一。據説，此名還是 1960 年代詩人革命家郭沫若給取的。1962 年秋天，郭沫若在飽覽南普陀寺的幽雅景致之後，又被邀請品嘗該寺的齋菜。齋宴開席後，寺廟裡的拿手好菜逐一上桌。其中一道菜可見東邊香菇沉於碗底，宛若半月，引起他極大的興趣。

他在品嘗了這一美味之後，即興賦詩一首：「我自舟山來，普陀又普陀。天然林壑好，深憾題名多。半月沉江底，千峰入眼窩。三杯通大道，五老意如何？」在這首詩裡，以「半月沉江」形容齋菜十分貼切。從此，這道素菜便以一個極富想像力的名字傳向各地，中外遊客也紛紛來品嘗「半月沉江」，體會這誘人的境界。

🍅 特色

半月沉江是一道蜚聲海內外的福建名菜。它是用香菇、麵筋和當歸烹製而成的一款湯品，特點是麵筋軟糯、香菇滑嫩、湯清味美、外形典雅且富有詩意。

材料

泡發香菇 ... 200 克	當歸 .... 10 克	高湯 ..... 500 毫升
油麵筋 ..... 150 克	鹽 .... 5 克	香油 ...... 5 毫升
嫩筍尖 ...... 75 克		

作法

1　當歸洗淨，切成薄片，放入碗中並加水，上蒸籠蒸半小時取出，撈出當歸，湯汁留用；香菇洗淨去蒂；嫩筍尖切成菱形片狀。

2　取一個大碗，把香菇頂部朝下擺放成半月牙形，油麵筋對稱的排放在另一側，碗中間擺放筍尖片，加入 120 毫升高湯和鹽，上蒸籠蒸 10 分鐘左右，取出翻扣在大湯盤中。

3　湯鍋放爐火上，倒入剩餘高湯和當歸湯煮沸，加鹽調好口味，淋香油攪勻，慢慢倒入裝有香菇和麵筋的湯盤中，即可上桌（可撒些香菜梗碎點綴）。

醉排骨

🍅 特色

醉排骨是先將排骨醃味油炸後，再裹上糖醋汁。口感外焦內嫩、味道酸甜香醇。

材料

豬肋排 ..... 500 克	料理米酒 .. 10 毫升	胡椒粉 .... 1 克
太白粉 ...... 30 克	蒜頭 .... 3 瓣	羅勒葉 ......少許
白糖 .... 15 克	香蔥 .... 5 克	香菜 ....少許
醋 .... 15 毫升	鹽 .... 5 克	沙拉油 ... 250 毫升
生抽 ...... 15 毫升		

作法

1　豬肋排洗淨，切成 3 公分左右的小塊，瀝乾水分，放入盆中，加料理米酒、胡椒粉、鹽和太白粉抓勻，醃製 30 分鐘；蒜頭切末；香蔥切成蔥花。

2　把白糖、醋、生抽、蔥花和蒜末一起放在小碗內，調勻成醬汁備用。

3　熱鍋，倒入沙拉油燒到 180 度左右時，放入醃好的排骨，炸至八分熟後撈出；等油溫再次升高時，將排骨重新放入，複炸至焦黃乾香，潷去餘油，倒入調好的醬汁，迅速拌勻裝盤，撒上羅勒葉和香菜即可。

東璧龍珠

　　東璧龍珠為一道以地方特產和精巧烹技相結合的福建風味名菜。採用東璧龍眼為主料，去核後填入肉丸烹製而成。入口既有龍眼的清香，又有肉的鮮味，皮酥餡香，氣味甘美，別具風味。

材料

東璧龍眼 ... 300 克	麵包粉 ..... 150 克	白糖 .... 4 克
豬五花肉 ... 100 克	麵粉 .... 25 克	鹽 ....適量
新鮮蝦仁 .... 50 克	香蔥 .... 5 克	太白粉水 ..... 適量
泡發香菇 .... 15 克	薑 .... 5 克	沙拉油 ....適量
雞蛋 .... 1 個	料理米酒 ... 5 毫升	香芹葉 ....適量

作法

1　龍眼去殼，將果肉逐一開小口，剔出果核；豬五花肉剁成細泥；鮮蝦仁切成小粒；香菇擠乾水分，切成細粒；香蔥切碎末；薑切末；雞蛋磕破，蛋清和蛋黃分盛碗內，攪勻待用。

2　把豬肉泥、蝦仁粒和香菇粒放在小盆內，加入蔥末、薑末、料理米酒、鹽、白糖、蛋清和太白粉水，順時針攪拌至有黏性，擠成龍眼核大小的丸子，排入盤內，上蒸籠蒸熟取出，備用。

3　將丸子分別嵌入龍眼內，合攏開口處，滾沾上一層麵粉，裹勻蛋黃液，再沾上麵包粉，投入到燒至 150 度左右的沙拉油鍋裡，炸至表面酥脆且呈金黃色時，撈出瀝油，裝入盤中，點綴上香芹葉即可。

七星魚丸

🍎 菜餚故事

傳說，古時閩江有一漁民，以捕魚為生。某日，一商家搭此漁船南行，不幸船隻觸礁損壞，修整多日，糧絕菜盡，只得以魚作食。商人嘆曰：「天天吃魚已厭，若能烹調他味，多好！」漁婦為了改善口味，將魚肉剁成細蓉，拌入菇粉和調味料，製成魚丸，水煮而食，商人讚其味道不同尋常。

後來，商人回福州開了「七星小食店」，特別請漁婦為廚，專烹魚丸湯，以饗食客。某日，一位上京趕考的秀才進店用餐，點了魚丸湯。秀才食之別有風味，便題贈一詩：「點點星斗布空稀，玉露甘香遊客迷，南疆雖有千秋飲，難得七星沁詩脾。」詩掛店堂，引來天下食客，生意興隆，七星魚丸隨之聞名於世。

🍎 特色

七星魚丸也叫「福州魚丸」、「包心魚丸」，是福建的著名湯菜。它是將調好味的魚肉糊包上豬肉餡，製成丸子汆製而成。成品可見魚丸浮在湯上，晶瑩潔白，似滿天繁星，食之柔軟滑嫩，富有彈性，肉餡味美，湯清味鮮，廣受食客喜愛。

材料

魚肉 .... 200 克	太白粉 ...... 15 克	醬油 .... 3 毫升
豬瘦肉 ..... 100 克	蔥薑水 .... 15 毫升	胡椒粉 .... 2 克
豬肥肉 ..... 100 克	料理米酒 .. 10 毫升	香油 .... 5 毫升
蝦仁 .... 25 克	薑末 .... 3 克	香菜碎 ..... 1 小碟
荸薺 .... 15 克	鹽 .... 5 克	香醋 ...... 1 小碟
蛋清 .... 3 個	白糖 .... 3 克	香蔥 .... 適量

作法

1. 豬瘦肉和豬肥肉分別切成綠豆大小的小丁；魚肉洗淨，切成小丁，加 50 克肥肉丁剁成細泥；豬瘦肉丁和剩下的肥肉丁也剁成泥；蝦仁洗淨，擠乾水分，切成碎粒；荸薺切成碎末；香蔥切碎末。

2. 豬肉泥放入盆中，加入蝦仁粒、荸薺末、薑末、5 毫升料理米酒、2 克鹽、白糖、醬油和 5 克太白粉拌勻成餡，擠成直徑約 1 公分的小丸子，擺在盤內，置於冰箱冰凍 2 小時。

3　魚泥放入小盆內，加入蔥末，再分次加入 60 毫升清水，用筷子順一個方向攪拌至
　　魚泥呈粥狀，調入蔥薑水、5 毫升料理米酒和 2 克鹽，續攪至黏稠有黏性，最後加
　　入蛋清、胡椒粉和 10 克太白粉攪勻，待用。

4　取乾淨的鍋子放爐火上，摻入適量清水，燒至鍋底起魚眼泡時，左手抓起魚泥從拇
　　指和食指中間擠出直徑約 1.5 公分的丸子，右手隨即取一粒豬肉丸塞入魚丸中間，
　　做成光滑的七星魚丸，放入滾水鍋中煮熟，調入胡椒粉和剩餘鹽，出鍋盛入湯碗
　　中，淋香油，隨香菜和香醋碟上桌佐食。

爆糟肉

🍅 **特色**

爆糟肉的特色是以福州紅糟、蝦油作調味料，以豬五花肉為主料烹製而成。吃起來糟香撲鼻，齒頰留香。

材料

豬五花肉 ... 500 克	蒜頭 .... 4 瓣	五香粉 .... 適量
紅糖 .... 50 克	料理米酒 ..... 適量	香油 .... 適量
蝦油 ...... 30 毫升	白糖 .... 適量	太白粉水 ..... 適量
薑 .... 10 克	鹽 .... 適量	沙拉油 .... 適量

作法

1 將豬五花肉洗淨，切成 2 公分見方的塊；紅糖用刀剁碎；薑切片；蒜頭拍裂。

2 湯鍋放爐火上，加入適量清水煮滾，放入五花肉塊汆燙透，撈出瀝乾水分；原鍋重上爐火燒乾，倒入沙拉油燒至 180 度左右時，投入蒜頭，炸黃撈出，再放入五花肉塊炸至表面微黃，撈出，瀝油分。

3 鍋留適量底油放於大火上，放薑片煸炒一下，續放紅糖、五花肉塊、蝦油、白糖、料理米酒及蒜頭爆香，加適量開水煮沸，調入鹽、五香粉，改小火燜至肉熟爛，收濃湯汁，淋太白粉水和香油，翻勻裝盤即可。

醉糟雞

🍅 **特色**

　　這道菜是將母雞加紅糟煮熟、醉糟而成。色澤紅豔、質地軟嫩、糟香迷人。

材料

土雞 .... 1 隻	白酒 ..... 100 毫升	薑 .... 20 克
紅糟 .... 150 克	白糖 .... 75 克	鹽 .... 10 克
料理米酒 .. 100 毫升	蔥白 .... 20 克	五香粉 ...... 1 克

作法

1　將土雞的爪尖、屁股去除；蔥白切成細絲；薑洗淨，一半切絲，另一半切末。

2　將土雞放入滾水鍋裡，以小火煮熟，撈出瀝汁，卸下雞頭、雞腿和翅膀，從腹部中間切開，改刀成長方塊，放入盆中，加蔥絲、薑絲和白酒拌勻，醃製 10 分鐘。

3　取一個容器，放入紅糟、料理米酒、薑末、五香粉、鹽和白糖調勻，放入雞塊拌勻，加蓋醃製 1 個小時至入味，取出整齊裝盤即可（可以放些香菜點綴）。

炒西施舌

🍎 **特色**

　　1930 年代，著名作家郁達夫在福建時，曾稱讚西施舌（**按：俗稱海蚌**）是閩菜中色、香、味、形俱佳的一種「神品」。該菜就是選用西施舌之肉，加上冬筍、香菇等料炒製而成。色澤潔白、質感脆嫩、清甜鮮美、令人難忘。

材料

西施舌 ...... 1 公斤	白醬油 .... 15 毫升	香油 .... 適量
冬筍 .... 15 克	料理米酒 .. 10 毫升	沙拉油 .... 適量
油菜（取莖）.. 15 克	白糖 .... 5 克	雞湯 ...... 50 毫升
泡發香菇 ..... 15 克	鹽 .... 適量	
蔥白 .... 10 克	太白粉水 ..... 適量	

作法

1　將西施舌放入滾水鍋裡燙 30 秒，撈起瀝乾，用小勺挖出舌肉，洗淨沙粒，用刀切成相連的兩片；冬筍切片；油菜洗淨；香菇去蒂；蔥白切片。

2　湯鍋放爐火上，加入清水煮沸，放入香菇、冬筍片和油菜汆燙一下，撈出瀝乾水分；用白醬油、料理米酒、白糖、鹽、雞湯、太白粉水和香油在小碗內調成芡汁。

3　炒鍋放爐火上開大火，倒入沙拉油燒至 180 度左右，爆香蔥片，投入冬筍片、香菇和油菜略炒，倒入西施舌肉和芡汁炒勻，起鍋裝盤即可。

花芋燒豬蹄

🍎 特色

　　花芋燒豬蹄裡的花芋頭，福州人叫檳榔芋，芋肉上有花點點，香味濃郁，用它與豬蹄同燒，是一道獨具特色的閩菜。芋香宜人、蹄筋軟糯、味道香醇。

材料

花芋頭	300 克	八角	2 克	鹽	適量
豬前蹄	1 隻	花椒	2 克	白糖	適量
大蔥	10 克	陳皮	2 克	太白粉水	適量
薑	10 克	料理米酒	適量	高湯	適量
桂皮	2 克	醬油	適量	沙拉油	適量

作法

1　花芋頭去皮，切成滾刀小塊；豬前蹄去淨殘毛，先剖成兩半，再切大塊；大蔥切段；薑切片；桂皮、八角、花椒和陳皮用紗布包好。

2　鍋裡加水煮沸，放入蔥段、薑片和豬蹄塊煮透，撈出瀝乾水分，趁熱加入醬油和料理米酒拌勻；鍋中放沙拉油燒至 200 度左右，放入豬蹄炸 3 分鐘，撈出瀝油；芋頭也入熱油中炸一下。

3　鍋留適量底油，下白糖炒成糖色，放入豬蹄塊翻炒均勻，加高湯、醬油、料理米酒和鹽，放入香料包，加蓋用小火燜熟，取出香料包，放入芋頭塊續燜至熟爛，用太白粉水勾芡，出鍋裝盤即可（可撒些蔥花點綴）。

當歸牛腩

　　當歸是一種補血、活血的中藥材，用它來烹製佳餚，在閩南民間早已流傳，特別是用當歸搭配牛腩烹製的當歸牛腩一菜，以其醇香濃郁、質感酥爛、鮮美滋補的特點在福建廈門久負盛名。

材料

牛腩 .... 750 克	蒜頭 .... 3 瓣	白糖 .... 適量
冬筍 .... 150 克	薑 .... 10 克	胡椒粉 ...... 適量
泡發香菇 .... 50 克	料理米酒 .... 適量	大骨湯 ... 750 毫升
當歸 .... 25 克	鹽 .... 適量	沙拉油 .... 75 毫升

作法

1　將牛腩洗淨，切成 3 公分見方的大塊；冬筍拍鬆，切滾刀塊；香菇去蒂；蒜頭、薑分別切片；當歸洗淨，用紗布包好。

2　湯鍋放爐火上，加入適量清水煮沸，放入牛腩塊汆燙去血水和腥味，撈出用熱水漂洗去表面汙沫，瀝乾水分。

3　鍋置於大火上，放入沙拉油燒至 180 度左右，先放入蒜片和薑片熗鍋，再放入牛腩塊、冬筍塊和香菇炒乾水氣，加料理米酒、鹽和白糖翻炒約 1 分鐘，加入大骨湯，煮沸後撇淨浮沫，倒入砂鍋中，加當歸包，用微火燜 2 小時至牛腩軟爛且汁稠時，揀去當歸包，加胡椒粉調味即可（可撒些香菜梗碎點綴）。

佛跳牆

🍅 特色

　　佛跳牆是閩菜中最著名的古典菜餚，始於清朝道光年間。該菜是用魚翅、鮑魚、海參、干貝、裙邊、花菇等多種高檔食料一起煨製而成的，以其用料豐富、肉質軟糯、滋味鮮美、回味悠長的特點，風靡全國，享譽海外。

材料

泡發海參 ... 150 克	泡發干貝 .... 50 克	醬油 .... 適量
泡發魚翅 ... 100 克	泡發裙邊 .... 50 克	鹽 .... 適量
泡發魚肚 ... 100 克	泡發花菇 ... 100 克	濃高湯 .. 1,000 毫升
泡發蹄筋 ... 100 克	熟鵪鶉蛋 ..... 8 個	
泡發鮑魚 ... 100 克	花雕酒 .... 75 毫升	

作法

1　海參洗淨腹內雜物，豎切成兩半；魚翅洗淨沙粒，去除腐肉；魚肚切成小條；蹄筋斜刀切片；鮑魚劃十字花刀；干貝撕去老筋；裙邊斜刀切條；花菇去蒂，在表面切米字花刀；熟鵪鶉蛋剝殼。

2　湯鍋放爐火上，加入 500 毫升濃高湯煮滾，分別放入海參、魚翅、魚肚條、蹄筋片、裙邊條、鮑魚、花菇氽燙透，撈出瀝盡水分；另 500 毫升高湯加醬油、鹽和花雕酒調好色味，待用。

3　取一乾淨砂罐，先依次裝入蹄筋片、裙邊條和魚肚條，再放入海參、花菇、干貝、鮑魚和鵪鶉蛋，最後放上魚翅，灌入調好味的湯汁，蓋好蓋子，上蒸籠蒸 1.5 小時，取出即可上桌（可撒少許蔥花點綴）。

雞蓉金絲筍

🍅 特色

　　雞蓉金絲筍是將冬筍絲與雞肉蓉和在一起，採用軟炒的方法烹製。色澤金黃、筍肉脆嫩、雞蓉鬆軟、味鮮適口，歷經百年，盛名不衰。

材料

冬筍 ...... 100 克	瘦火腿 ...... 10 克	鹽 .... 適量
雞胸肉 ..... 100 克	雞蛋 .... 2 個	雞湯 .... 適量
豬肥肉 ...... 25 克	太白粉水 .. 25 毫升	沙拉油 .... 適量

作法

1　將冬筍切成 5 公分長的細絲；雞胸肉和豬肥肉混合剁成細蓉；瘦火腿切粒；雞蛋打入碗裡，加鹽和太白粉水攪勻，放入雞肉蓉，攪勻成雞蓉糊。

2　炒鍋放爐火上熱，放入沙拉油燒至 180 度左右，投入冬筍絲過一下油，倒出瀝乾油分，再用熱水燙洗去浮油，放入雞湯中煮 10 分鐘，撈出擠乾水分。

3　炒鍋放爐火上，放入沙拉油燒至 180 度左右，倒入拌好的筍絲和雞蓉糊，翻炒至成熟入味，出鍋裝盤，撒上瘦火腿粒即可（頂部可放些蔥花點綴）。

沙茶燜鴨塊

🍅 特色

　　「沙茶」起源於印尼，它是用花生仁、蝦米、蔥頭等三十多種原料加工而成的一種調味醬。閩菜系裡的沙茶燜鴨塊就是因用了沙茶醬烹製，而成為福建的傳統名菜，具有色澤金黃、鴨塊肉嫩、香味濃郁、甜辣爽口的特點。

材料

肥鴨 .... 750 克	料理米酒 .. 15 毫升	白糖 .... 適量
馬鈴薯 ..... 250 克	辣椒粉 .... 5 克	大骨湯 ...... 適量
泡發香菇 .... 50 克	大蔥 .... 3 段	沙拉油 ...... 適量
沙茶醬 ...... 30 克	薑 .... 3 片	
蒜頭 .... 4 瓣	醬油 .... 適量	

作法

1　將淨肥鴨剁成小塊，洗淨血汙；馬鈴薯去皮洗淨，切成滾刀塊；香菇去蒂，切塊；蒜頭搗成細泥。

2　肥鴨塊放入湯鍋中，加入清水、料理米酒、蔥段和薑片，用大火煮沸 10 分鐘，撈出瀝乾水分；馬鈴薯塊用熱油炸成金黃色。

3　炒鍋放爐火上，倒入沙拉油燒至 150 度左右，放入蒜蓉、辣椒粉和沙茶醬稍炒，倒入鴨塊翻炒 5 分鐘，加醬油和白糖炒勻，摻大骨湯燜燒至熟，放入香菇塊和馬鈴薯塊，續燒 10 分鐘，出鍋裝盤即可（可撒些蔥花點綴）。

白炒鮮竹蟶

🍅 特色

　　竹蟶（按：音同稱，又叫竹蛤），產於福建沿海等地，同蠣、蛤、蚶並稱為中國四大貝類名品。這道白炒鮮竹蟶，就是福建福州的經典風味名菜，它是用竹蟶肉搭配香菇和筍片合炒而成。其色澤潔白、肉質脆嫩、滋味鮮香。

材料

竹蟶 ...... 300 克	料理米酒 .. 10 毫升	雞湯 .... 適量
泡發香菇 .... 50 克	白醬油 .... 適量	香油 .... 適量
冬筍 ...... 50 克	鹽 .... 適量	融化的豬油 ... 適量
蔥白 ...... 10 克	白糖 .... 適量	
蒜頭 .... 2 瓣	太白粉水 ..... 適量	

作法

1　將竹蟶剝殼取肉，洗淨，用刀片成相連的兩片；香菇去蒂；冬筍切成小薄片；蔥白切碎花；蒜頭拍裂，切末。

2　湯鍋放爐火上，加入適量清水煮沸，放入竹蟶肉片，汆至六分熟取出，加料理米酒醃漬；再把香菇和冬筍片放入沸水中汆燙透，撈出瀝乾水分；碗內放蔥花、雞湯、白醬油、鹽、白糖和太白粉水調成芡汁，備用。

3　炒鍋放爐火上，放入融化的豬油燒至 200 度左右，下蒜末爆香，再下香菇和冬筍片炒熟，並倒入竹蟶肉和芡汁炒勻，淋香油，出鍋裝盤（可以撒些蔥花點綴）。

糟汁汆海蚌

🍅 特色

　　海蚌是福建海產中的珍品，肉質脆嫩，色白透明。以海蚌為主料、紅糟為主要調味料烹製而成的福州傳統名餚糟汁汆海蚌，是糟菜的典型範例。其蚌肉脆嫩、湯鮮味醇、糟香濃郁。

材料

海蚌肉 ..... 300 克	泡發木耳 ..... 適量	雞湯 ...1,000 毫升
料理米酒 .. 50 毫升	白糖 .... 10 克	熟火腿肉 ..... 適量
紅糟 .... 25 克	薑末 .... 1 克	蔥花 .... 適量
白醬油 .... 25 毫升	沙拉油 .... 50 毫升	

作法

1　將每隻海蚌肉片成兩片，同蚌裙洗淨，一同放入熱水鍋裡汆一下，撈出撕淨蚌膜，放入湯碗裡，加入 15 毫升料理米酒稍醃，渾淨水分；木耳汆燙，熟火腿肉切菱形片，與蔥花一同放入湯碗中。

2　炒鍋置於大火上，放入沙拉油燒至 200 度左右，放入薑末和紅糟煸出香味，加入 35 毫升料理米酒，倒入雞湯，加白醬油和白糖，以小火慢煮至湯剩 500 毫升左右，過濾後倒入裝有蚌肉的碗內即可。

芙蓉干貝

🍅 特色

　　芙蓉干貝是一道高級宴席菜餚。它是以干貝為主料，搭配鮮奶和蛋清蒸製而成。質感軟滑、清淡鮮香、甘甜適口。

材料

泡發干貝 ... 200 克	蔥段 .... 5 克	鹽 .... 4 克
牛奶 ..... 200 毫升	薑 .... 3 片	清水 ..... 250 毫升
蛋清 .... 6 個	料理米酒 .. 10 毫升	

作法

1　泡發干貝盛入盆裡，加入蔥段、薑片、5 毫升料理米酒和 250 毫升清水，上蒸籠用大火蒸 30 分鐘取出，揀出蔥段和薑片。

2　蛋清放在碗裡，用筷子充分打散，加入 2 克鹽和牛奶調勻，倒入大碗內，上蒸籠用中火蒸 5 分鐘取出，將干貝整齊的插在表面上，再上蒸籠蒸 5 分鐘取出。

3　將鍋置於大火上，放入高湯煮沸，加入 2 克鹽和 5 毫升料理米酒調勻，淋到蒸好的芙蓉干貝上即可（可撒些蔥花點綴）。

燻河鰻

🍅 特色

　　這道菜是以河鰻肉為主料，用調味料醃入味後再烤。其顏色紫紅、外焦裡嫩、油潤肥腴、味道香濃，是一道美味可口的菜。

材料

河鰻 .... 500 克	蔥末 .... 5 克	胡椒粉 .... 1 克
醬油 ...... 20 毫升	薑末 .... 5 克	上湯 ..... 200 毫升
白糖 .... 20 克	鹽 .... 4 克	生菜葉 ....適量
料理米酒 .. 15 毫升	香油 .... 5 毫升	

作法

1 河鰻沿脊背剖開，剔下脊骨（留用），從頭到尾用刀在肉面上劃上交叉花刀，用 10 毫升醬油、10 克白糖、10 毫升料理米酒、2 克鹽、胡椒粉、蔥末、薑末調成的汁抹勻，醃約半小時。

2 將河鰻脊骨切成段，與上湯、5 毫升料理米酒、10 毫升醬油和 10 克白糖一併下鍋煮 10 分鐘，去骨取湯備用。

3 取鐵箅一個，置於電爐上燒至 200 度左右，放上醃好的鰻魚，烤 5 分鐘，刷勻鰻魚骨湯，再烤 5 分鐘，再刷一遍鰻魚骨湯，如此反覆三遍，烤 20 分鐘即熟。取下鰻魚，刷勻香油，切成塊，整齊的裝在墊有生菜葉的盤中即可。

蘿蔔蜇絲

🍅 特色

蘿蔔蜇絲是閩菜系裡的一道招牌涼菜，以白蘿蔔、海蜇皮為主料，白醋、白糖等為調味料拌製而成。刀工精湛、色澤素雅、質感脆嫩、酸甜爽口，非常適合夏天食用。

材料

白蘿蔔 ..... 150 克	白醋 ...... 15 毫升	鹽 .... 適量
海蜇皮 ..... 150 克	青椒 .... 5 克	香油 .... 適量
鮮紅辣椒 ..... 5 克	白糖 .... 10 克	

作法

1　將海蜇皮用淡鹽水浸泡一天，反覆漂洗至去淨鹹腥味後，擠乾水分，切成細絲；白蘿蔔洗淨，去皮，切成火柴梗粗細的絲；鮮紅辣椒和青椒去瓤，洗淨，切細絲。

2　湯鍋放爐火上，加入適量清水煮滾，放入海蜇絲燙一下，迅速撈出過冷水，瀝乾水分；白蘿蔔絲與鹽拌勻，醃 5 分鐘，擠乾水分。

3　把白蘿蔔絲與海蜇絲、青椒絲、紅辣椒絲放在一起，加入白醋、白糖和香油拌勻，裝盤成塔形即可。

清湯鮑魚

🍅 特色

　　清湯鮑魚為高級宴席之珍品。它是以鮑魚為主料、草菇作配料,加上雞湯烹製而成的一道湯。色調清新素雅、質地脆嫩爽口、味道極其鮮美。

材料

鮑魚罐頭 ... 200 克		鹽 .... 5 克	
草菇 .... 200 克		雞湯 ..... 800 毫升	

作法

1　鮑魚切成厚約 0.2 公分的片,放在碗裡,加入 100 毫升雞湯,上蒸籠用中火蒸 1 小時,取出待用。

2　草菇剖為兩半,同 200 毫升雞湯入鍋汆透,撈起過冷水,瀝乾水分。

3　鍋坐大火上,將 500 毫升雞湯倒入鍋中煮滾,放入鮑魚片和草菇,調入鹽,略滾 30 秒關火,裝入碗中即可(可撒些蔥花點綴)。

蠔仔煎

特色

　　蠔仔煎（按：又稱海蠣煎，臺灣稱蚵仔煎，但在作法和口感上略有不同，臺灣較要求 Q 彈口感）是福建著名的傳統菜。它是將牡蠣肉調味裹糊、攤成餅狀、放上鴨蛋煎熟而成。外酥裡嫩、鮮美可口。

材料

牡蠣肉 ..... 250 克	青蒜 .... 2 棵	香油 .... 適量
豬肥肉 ...... 50 克	鹽 .... 適量	沙拉油 ...... 適量
鴨蛋 .... 2 個	太白粉 ...... 適量	

作法

1　將牡蠣肉洗淨，投入滾水鍋裡汆一下，撈起瀝乾水分，晾冷；豬肥肉切成小丁；青蒜挑洗乾淨，切碎。

2　把牡蠣肉放入小盆內，放入肥肉丁、青蒜碎、鹽和太白粉拌勻成糊狀，待用。

3　平底鍋放爐火上，下沙拉油燒至 200 度左右時，調小火，倒入牡蠣肉糊攤成圓餅形，稍煎一會兒，打入 1 個鴨蛋，攤平後翻轉煎另一面，上面再磕 1 個鴨蛋，攤平後翻轉再煎另一面，直至把兩面煎黃至熟，淋香油，鏟出切塊裝盤即可。

酸菜灯梅魚

🍅 特色

　　梅魚是產於閩江的一種肉質細嫩的淡水魚。此魚無鱗，色白味美，從古至今，一直列為席上佳餚。這道菜就是用梅魚和酸菜煨製而成的，以其色澤淡白、肉嫩味鮮、開胃爽口、別有風味的特點深受中外食客喜愛。

材料

梅魚 1 條 ..約 700 克	蒜頭 .... 3 瓣	高湯 .... 適量
酸菜 .... 150 克	料理米酒 ..... 適量	香油 .... 適量
蔥白 .... 25 克	白醬油 .... 適量	沙拉油 .... 適量
薑 .... 10 克	鹽 .... 適量	

作法

1　將梅魚鰓邊和背上的骨刺去掉，洗淨血汙，切成 4.5 公分長、0.8 公分寬的塊；酸菜用溫水洗淨，切碎；蔥白切成 3 公分長段；薑切片；蒜頭拍裂。

2　湯鍋放爐火上，加入適量清水煮滾，放入梅魚塊汆一下，撈起用清水洗淨，瀝乾水分；鍋中再換清水煮滾，放入酸菜汆燙一下，撈起瀝乾水分，切段。

3　鍋置於大火上，倒入沙拉油燒至 200 度左右，放入魚塊煎 1 分鐘，倒出瀝乾油分；原鍋留適量底油燒熱，下蒜頭、薑片和蔥段炸香，投入酸菜段炒透，倒入高湯煮開，放入魚塊，調入料理米酒、白醬油、鹽，煮約 5 分鐘，起鍋盛在湯盤中，並淋上香油即可。

國家圖書館出版品預行編目（CIP）資料

舌尖上的八大菜系：兩百餘道中餐名菜的緣起和典故，名廚帶你懂食材、有談資，會不會點菜，就看這本書。/ 牛國平、牛翔編著.
--初版-- 臺北市 ：任性出版有限公司，2022.05
336面；17×23 公分. --（drill；015）
ISBN 978-626-95804-4-6（平裝）

1. CST：食譜　2. CST：烹飪　3. CST：中國

427.11　　　　　　　　　　　　111002416

drill 015

舌尖上的八大菜系

兩百餘道中餐名菜的緣起和典故，名廚帶你懂食材、有談資，會不會
點菜，就看這本書。

編　著　者／牛國平、牛翔
責任編輯／蕭麗娟
校對編輯／林盈廷
美術編輯／林彥君
副總編輯／顏惠君
總　編　輯／吳依瑋
發　行　人／徐仲秋
會計助理／李秀娟
會　　　計／許鳳雪
版權經理／郝麗珍
行銷企畫／徐千晴
業務助理／李秀蕙
業務專員／馬絮盈、留婉茹
業務經理／林裕安
總　經　理／陳絜吾

出　版　者／任性出版有限公司
營運統籌／大是文化有限公司
　　　　　　臺北市100衡陽路7號8樓
　　　　　　編輯部電話：（02）23757911
　　　　　　購書相關資訊請洽：（02）23757911 分機122
　　　　　　24小時讀者服務傳真：（02）23756999
　　　　　　讀者服務E-mail：haom@ms28.hinet.net
　　　　　　郵政劃撥帳號：19983366　　戶名：大是文化有限公司

法律顧問／永然聯合法律事務所
香港發行／豐達出版發行有限公司 Rich Publishing & Distribution Ltd
　　　　　　地址：香港柴灣永泰道70 號柴灣工業城第2 期1805 室
　　　　　　　　　Unit 1805, Ph. 2, Chai Wan Ind City, 70 Wing Tai Rd,Chai Wan, Hong Kong
　　　　　　電話：2172-6513　傳真：2172-4355
　　　　　　E-mail：cary@subseasy.com.hk

封面設計／林雯瑛
內頁排版／Judy
印　　　刷／緯峰印刷股份有限公司
出版日期／2022年5月初版
定　　　價／新臺幣 499 元（缺頁或裝訂錯誤的書，請寄回更換）
ISBN 978-626-95804-4-6
電子書ISBN ／9786269580477（PDF）
　　　　　　　9786269580460（EPUB）
